LES CORRESPONDANTS DE PEIRESC

XIII

GABRIEL NAUDÉ

LETTRES INÉDITES ÉCRITES D'ITALIE A PEIRESC

1632-1636

PUBLIÉES ET ANNOTÉES

PAR

Philippe TAMIZEY DE LARROQUE

PARIS

LÉON TECHENER

52, rue de l'Arbre-Sec, 52

1887

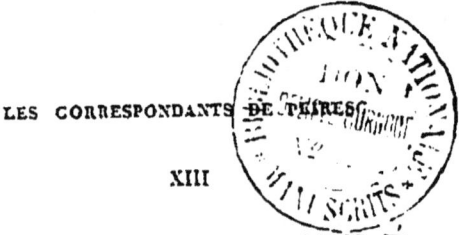

LES CORRESPONDANTS DE PEIRESC

XIII

GABRIEL NAUDÉ

Extrait du *Bulletin du Bibliophile*.

Tiré à part à cent exemplaires.

Chartres. — Imprimerie Durand, rue Fulbert.

XIII

GABRIEL NAUDÉ

LETTRES INÉDITES ÉCRITES D'ITALIE A PEIRESC

1632-1636

PUBLIÉES ET ANNOTÉES

PAR

Philippe TAMIZEY DE LARROQUE

PARIS

LÉON TECHENER

52, rue de l'Arbre-Sec, 52

1887

LETTRES INÉDITES

DE

GABRIEL NAUDÉ A PEIRESC

AVERTISSEMENT

Je le disais, il y a quelques années : « Gabriel Naudé, étant à la fois un spirituel écrivain et un remarquable érudit, la mise en lumière du plus grand nombre possible de ses lettres serait bien désirable (1). » J'ajoute aujourd'hui qu'il faudrait au moins pouvoir opposer aux cent quinze lettres latines qui forment le recueil de 1667, une bonne centaine de lettres françaises. En attendant mieux comme nombre, sinon comme qualité, voici un petit recueil de lettres adressées par le célèbre bibliophile parisien à l'illustre bibliophile provençal. Naudé avait vingt ans de moins que Peiresc (2), mais comme il fut un très précoce érudit, les relations entre les deux grands curieux commencèrent alors que le futur auteur du *Mascurat* était encore un tout jeune homme. Gassendi, qui fut leur commun ami, a raconté d'une façon charmante, dans le livre IV de la vie de Peiresc (3), les origines de cette liaison qu'il fait remonter à l'année 1631. Je vais traduire son récit qui a été complètement omis par Requier dans sa trop infidèle copie de l'ouvrage de Gas-

(1) *Bulletin du Bibliophile*, décembre 1881, en tête d'*une lettre inédite de G. Naudé à Monsieur de Saint-Sauveur* (Jacques Dupuy), p. 529.

(2) On sait que Peiresc naquit en décembre 1580 et Naudé en février 1600.

(3) *Viri illustrissimi Nicolai Claudii Fabricii de Peiresc, senatoris Aquisextiensis, vita*, etc. (La Haye, 1651, p. 360).

sendi (1). L'admirable biographe nous montre le cardinal de Bagni, ayant rempli les fonctions de nonce du Pape, revenant à Rome, traversant la Provence, s'arrêtant, pour revoir son ancien ami, au petit château de Belgentier, et il ajoute (p. 360): « On doit rappeler qu'en ce lieu il avait amené avec lui Gabriel Naudé, Parisien de grande réputation parmi les littérateurs et déjà pour ses publications connu et aimé de Peiresc (2). Aussi ce dernier regarda-t-il comme une bonne fortune soit de l'embrasser et de l'entretenir, soit de féliciter le cardinal d'avoir choisi un tel compagnon d'études. Il se délecta tellement dans son intimité, qu'il déclara plus d'une fois qu'il ne savait ce qu'il devait le plus admirer, de sa franchise et de sa bonté, ou de son inépuisable érudition et de ses universelles connaissances bibliographiques. Naudé, de son côté, n'apprécia pas moins Peiresc; il le quitta comblé de ses bienfaits, comme l'attestent soit ses lettres particulières, soit sa dissertation intitulée : *An matutina studia vespertinis sint salubriora* (3), qu'il lui dédia et où il le proclame le Mécène de tous les littérateurs (4). »

(1) *Vie de Nicolas-Claude Peiresc, conseiller au parlement de Provence*, Paris, 1770.

(2) A cette époque Naudé avait déjà mis au jour : 1° *Le Marfore, ou discours contre les libelles* (Paris, 1620, in-8; réimprimé par Charles Asselineau, 1868, in-8); 2° *Instruction à la France sur la vérité de l'histoire des frères de la Rose-Croix* (Paris, 1623); 3° *Apologie pour les grands hommes faussement soupçonnés de magie* (Paris, 1625); 4° *Advis pour dresser une bibliothèque* (Paris, 1627; réimprimé en 1644 avec le *Traité des plus belles bibliothèques*, par le P. Louis Jacob et, de nos jours, isolément, par Isidore Liseux, en 1876); 5° *De antiquitate et dignitate scholæ medicæ parisiensis* (Paris, 1628); 6° *Addition à l'histoire de Louis XI, contenant plusieurs recherches curieuses sur diverses matières* (Paris, 1630).

. (3) Paris, 1634. La même année Naudé traita cette autre question : *An vita hominum hodie quam olim brevior ?* L'année suivante, nouvelle question : *An liceat medico fallere ægrotum ?*

(4) Gassendi cite (p. 361) deux passages de cette dissertation où Naudé glorifie avec la même reconnaissante ardeur le cardinal de Bagni et Peiresc, qui l'un et l'autre le protégèrent si activement.

Gassendi n'a pas fait commencer assez tôt la liaison entre Peiresc et Naudé; ce dernier, bien avant d'être l'hôte du châtelain de Belgentier, avait avec lui d'affectueuses relations épistolaires, comme le prouve ce début d'une lettre qu'il en reçut au commencement de l'année 1629 : « Monsieur, vous aurez eu grand suject d'accuser mon silence après tant de tesmoignages de l'amitié dont il vous a pleu me prevenir dont je ne debvois pas tant differer les très humbles remerciements que je vous en doibs, mais la malladye de nos voisins [c'est-à-dire la peste] avoit destruict tout nostre commerce despuis la reception de la vostre dont il vous pleut m'honorer accompagnée de vostre beau panegyrique où j'apprins de si grandes singularitez des origines et du lustre de l'Université de Paris... (1). » Malheureusement presque toutes les lettres d'abord échangées entre les deux savants ont disparu; la première des lettres que l'on a pu conserver de Naudé à Peiresc est postérieure de plusieurs années à celle qui vient d'être citée ; elle porte la date du 1er février 1632. D'autre part, entre la première et la seconde des lettres connues écrites par Peiresc à son jeune ami, existe une lacune de près de cinq années (4 janvier 1629-1er décembre 1633). Cette perte si regrettable doit nous rendre encore plus précieuses les quarante lettres environ qui constituent tout ce qui nous reste de la correspondance des deux éminents bibliophiles.

Laissant de côté la partie de cette correspondance qui provient de Peiresc et qui trouvera naturellement sa place dans le grand recueil dont le premier volume est sous presse (2), je dirai seulement quelques mots des lettres de

(1) « A Monsieur Naudé, docteur et professeur en l'université de médecine, à Paris ». D'Aix, 4 janvier 1629. Bibliothèque d'Inguimbert, à Carpentras. Registre des minutes N-R, f° 2. Le panégyrique loué par Peiresc est le traité cité plus haut : *De antiquitate et dignitate scholæ medicæ parisiensis.*

(2) *Collection de documents inédits sur l'histoire de France.*

Naudé. Je n'hésite pas à les mettre au nombre des plus
curieuses de toutes celles qui ont été adressées à mon
héros. Naudé y retrace, en quelque sorte, toute l'histoire
littéraire de l'Italie pendant la période comprise entre le
commencement de l'année 1632 et la fin de l'année 1636.
Aux jugements sur les livres se joignent les jugements sur
les hommes, le tout entremêlé de piquantes anecdotes.
Naudé se montre en toutes ces lettres critique excellent
non moins que spirituel conteur. Les noms célèbres
abondent dans sa causerie : je me contenterai d'indiquer
ceux du cardinal de Bagni, du cardinal François Barberini,
du docte évêque de Vaison, Joseph Marie Suarès, du bibliothécaire du Vatican, Leo Allatius, de l'archéologue-poète
Jérôme Aleandre, de l'érudit Fortunio Liceti, de l'humaniste Luc Holstenius, de l'historien Augustin Mascardi,
du polygraphe Jacques-Philippe Tomasini. Mais sur aucun
de ces personnages Naudé ne donne autant de piquants
renseignements que sur Thomas Campanella. C'est avec
une verve étincelante qu'il attaque ce moine, dont on a
fait, de nos jours, d'inadmissibles apologies (1). Les
lettres où Naudé a dépeint si vivement l'étrange caractère
de son ancien ami, resteront le témoignage le plus acca-
blant qui ait jamais été porté contre le philosophe calabrais. Ces pages si importantes pour la biographie de
l'auteur de la *Cité du Soleil*, et où le style, enflammé par
l'indignation, s'élève jusqu'à l'éloquence, suffiraient seules
à rendre la correspondance de Naudé avec Peiresc digne
de recommandation auprès de tous les esprits cultivés.
Mais, à côté de ces révélations si frappantes, combien

Lettres de Peiresc aux frères Dupuy. Imprimerie Nationale. J'espère
que le premier des trois volumes consacrés à la correspondance
avec les frères Dupuy paraîtra l'année prochaine.

(1) Voir surtout la notice de M\\me Louise Colet, insérée d'abord
dans la *Revue de Paris*, et reproduite en tête des *OEuvres choisies
de Campanella* (Paris, Gosselin, 1844, in-18). M\\me Colet célèbre
le génie et les vertus de Campanella avec un enthousiasme qui a
quelque chose de lyrique, pour ne pas dire de délirant.

d'autres pages sollicitent l'attention, par exemple, celles qui roulent sur Gaffarel (1), sur Gassendi, sur Peiresc, sur Naudé lui-même! Les futurs biographes et critiques, en France comme en Italie, trouveront dans les récits et dans les appréciations de cette correspondance, les renseignements les plus sûrs et les plus intéressants. N'insistons pas davantage sur les divers mérites des lettres que l'on va lire, car, comme nous le rappelle le plus sensé et le plus spirituel de tous les conseillers, le bon La Fontaine,

> « Il ne faut jamais dire aux gens :
> Ecoutez un bon mot, oyez une merveille » (2).

PHILIPPE TAMIZEY DE LARROQUE.

I

A Monsieur de Peiresc.

Monsieur, je repons à la derniere de quatre lettres qu'on m'a rendües de vostre part (3), quoy que je vous

(1) Voir, à l'*Appendice*, une lettre signée Naudé et contresignée (par plaisanterie) Gaffarel, adressée par les deux amis à Gassendi.

(2) L'annotation des lettres de Naudé présentait des difficultés particulières en ce qui regarde la bibliographie italienne. Heureusement que, dans ma misère, j'ai été secouru par deux de mes savants amis, qui sont aussi de fervents amis de la littérature d'au delà les Alpes : M. Léonce Couture, doyen de la faculté libre des lettres de Toulouse, dont les leçons sur Pétrarque et les autres grands écrivains de la Péninsule ont eu tant de retentissement, et M. Pierre de Nolhac, ancien membre de l'Ecole de Rome, maitre de conférences à l'Ecole pratique des Hautes Etudes, qui récemment dédiait en ces termes à l'Italie son remarquable travail sur le *Canzoniere autographe de Pétrarque: « Italiæ omnium ingeniorum communi patriæ hospes gratus et memor. »*

(3) Nous n'avons aucune de ces quatre lettres, le registre des minutes de la bibliothèque d'Inguimbert contenant une seule lettre de 1629 (déjà citée) et pas une lettre de 1632.

ayé dit par ma derniere quel bon accueil fit M^r l'Eminentissime cardinal Barberin (1) aux pieces que je luy
rendis de vostre part, lesquelles j'avois leues auparavant
au patron (2), et je luy avois aussi montré le portrait de
Cleopatre (3), de laquelle il fit prendre copie par un de
ses peintres, qui n'y rencontra pas des mieux à mon advis,
l'ayant voulu faire plus belle, et mieux proportionnée, ce
disoit-il, qu'elle n'estoit, d'où je pris occasion de citer à
nostre cardinal un certain lieu de Pline le jeune où de-
mandant copie d'un Portrait de l'un de ses amis, il supplie
celuy qui avoit la charge de le luy envoyer, de prendre
garde que le Peintre n'ajoutast rien de son invention ou
ne le fit plus beau qu'il n'estoit à l'original (4). Monsieur
le Cardinal Barberin dit qu'il faisoit chercher dans ses
Medailles pour respondre à ce que vous demandiés touchant

(1) Le cardinal François Barberini, frère du cardinal Antoine et
neveu du pape Urbain VIII, est trop connu pour je donne ici la
moindre notice sur ce grand ami de Peiresc. Il a été déjà question
de ce zélé protecteur des lettres et des lettrés dans plusieurs des
fascicules qui ont précédé celui-ci, notamment dans les fascicules III *(J. J. Bouchard)*, VIII *(cardinal Bichi)*.

(2) C'est-à-dire le cardinal Jean-François Bagni. Nous retrouverons souvent son nom dans les lettres de son bibliothécaire et
secrétaire. Ce nom figure déjà dans les *lettres de J. J. Bouchard*
(p. 36).

(3) Je ne puis rien dire de ce portrait de Cléopâtre qui était sans
doute gravé sur quelque pierre précieuse. M. Victor Duruy, dans
sa remarquable *Histoire des Romains* (remarquable par le texte
comme par les illustrations), reproduit deux effigies de Cléopâtre
d'après deux pièces de monnaie (t. III, in-4, Hachette, 1881,
pp. 534, 538). Au risque d'enlever quelque illusion à mes lecteurs,
je dirai franchement que ces effigies ne confirment pas tout ce que
l'on a dit de l'irrésistible beauté de l'enchanteresse.

(4) Je n'ai pu retrouver dans les lettres de Pline le Jeune le passage invoqué par Naudé. Ai-je été un maladroit chercheur? Ou
Naudé aurait-il été trahi par sa mémoire? La première conjecture
est beaucoup plus vraisemblable que la seconde. — Oui, ajou-
terai-je en corrigeant l'épreuve, car ayant soumis la difficulté à un
jeune savant qui est en ce moment mon hôte, M. Henri Berr, professeur de rhétorique au lycée de Tours, il appelle mon attention
sur ce passage de la lettre XXVIII du livre IV ·(*Severo suo*) : « *rogo
ut artificem, quem elegeris, ne in melius quidem, sinas aberrare.* »

son Diademe (1). Quant à l'elephant, j'estime vos observations meilleures et plus seures que toutes celles qu'on a
fait icy (2), desquelles il n'y a que celle adressée au Cavalier Gualdo (3) d'estampée (4), laquelle je vous envoye
avec les autres livres, quoyqu'elle ne meritast de faire un
si long chemin pour ne valoir rien du tout, non plus que
beaucoup d'autres petits livrets qui s'impriment icy et
que, pour ce, je neglige de vous achepter. M^r le Cardinal
Barberin n'en a fait faire aucuns, à ce que m'a dit le
s^r Suarès (5). J'ay sceu enfin du s^r Georgio Coneo, chanoine de St Jean de Latran, que son Chapitre a pour
sceau un St Jean Baptiste preschant au desert, mais en
recompense je vous envoye celles (6) de celuy de Fermo (7)
où l'Agneau Pascal est fort bien representé ; et parceque aux
armes de la dicte ville il y a des petites croix blanches desquelles il me semble que vous estes en peine, je les ay aussi
jointes avec ce passage de Cæsar Ottinellus in Elogio Fir-
manæ Civitatis (8) : « Cum igitur perpetuo multas res egre-

(1) Une des pièces de monnaie reproduites par M. V. Duruy
(p. 534) représente le buste diadémé de Cléopâtre.
(2) Peiresc, à qui rien n'était étranger, pas plus dans l'histoire
naturelle que dans l'histoire littéraire, s'occupa beaucoup, à diverses reprises, de l'étude de l'éléphant, animal qui, à cette époque, était encore très peu connu. Plusieurs lettres aux frères Dupuy
et à d'autres savants contiennent, à cet égard, de curieux passages.
Gassendi a dit quelques mots des travaux de son ami relatifs à
l'éléphant (Livre IV, p. 366, année 1631).
(3) Quelque parent sans doute de l'abbé Paul Gualdo, le biographe de J. Vincent Pinelli.
(4) Pour imprimée, de l'italien *stampa*, impression. Littré n'in-
dique pas cette acception du mot *estamper*.
(5) Joseph-Marie Suarès, né à Avignon le 5 juillet 1599, mourut
à Rome le 7 décembre 1677 ; il fut évêque de Vaison (département
de Vaucluse), de 1633 à 1666. Voir sur ce savant prélat les fascicules III (p. 13) et VIII (p. 11) des *Correspondants de Peiresc*.
(6) C'est-à-dire les empreintes.
(7) Ville des anciens Etats de l'Eglise, à 180 kilomètres de Rome,
à 4 kilomètres de l'Adriatique, autrefois *Firmum*.
(8) Cæsar OTTINELLUS, *de Firmo, Piceni urbe, Elogium*. Romæ,
in-8 (Lenglet-Dufresnoy et Drouet, *Méthode*, t. XI, p. 445).

gie gesserit sedis Apostolicæ imperiique Romani causa, populus Firmanus semper gratiosus fuit tum apud Romanos, tum apud summos pontifices, et insignia reportavit quibus utitur. Continent enim crucem albam in campo rubro et Aquilam quo spectant duæ antiquissimæ quæ extant Inscriptiones quarum altera est ejusmodi : Firmum, Firma fides, altera vero his versibus comprehensa :

> Firmi Firma fides genus alto sanguine Romæ
> Ducit et inde crucis Regia signa tulit ».

Mʳ Suarès s'est chargé de respondre à vos autres doutes parce qu'il a pour ami celuy qui a la garde des Archives de la Vaticane (1). Il restoit seulement le catalogue des livres que vous demandiés, auquel je me suis efforcé de satisfaire en ce qui m'a esté possible, et parce qu'il fallut rendre 38 jules (2) à Mʳ du Buisson (3) pour le Mazella (4) et le Summonte (5), qu'il avoit acheté à Naples, je fis demander douze escus à Mʳ Desprès sur la lettre de change du sʳ de Gastines (6), sur laquelle j'ay debourcé les sommes suivantes :

(1) Ce gardien est nommé dans une des lettres suivantes : c'était le père Horace Giustiniani, qui passait pour être très peu *communicatif* et qui méritait le vilain surnom de *bibliotaphe*.

(2) Selon la définition du *Dictionnaire de Trévoux*, « nom d'une petite monnoie qui a cours à Rome, dans l'Etat ecclésiastique, et en quelques autres lieux d'Italie. Il faut huit *Jules* et demi pour faire notre écu de France de trois livres. Le nom de cette monnaie vient de celui des papes qui se sont nommés Jules ».

(3) Ce personnage me serait totalement inconnu, si je n'avais relevé dans le registre III des minutes de la correspondance de Peiresc, à Carpentras (fᵒ 535-536) une lettre de Peiresc à M. Du Buisson, à Rome, écrite de Belgentier le 24 août 1631.

(4) Moréri, Michaud et leurs émules ont tous, ce me semble, négligé l'historien Scipione Mazzella, sur qui on consultera Tafuri, *Scrittori nati nel regno di Napoli*. Naples, 1744-70.

(5) Jean-Antoine Summonte, né à Naples vers le milieu du xvıᵉ siècle, mourut le 29 mars 1602. C'est l'auteur d'*Istoria della città e regno di Napoli*, en 4 vol. in-4, qui parurent à Naples en 1601, 1602, 1640 et 1643.

(6) Négociant de Marseille qui se chargeait des payements à faire à l'étranger pour le compte de Peiresc.

A Mr du Buisson 38 jules, pour le Calculator (1) et autres en mesme matiere; 5 jules, *Elogia Cassinensium Abbatum*, in folio (2); 7 jules, *Aurelia nobilitas*; 1 jule, *Colledrianzo*; 1 jule, Ægidius, *de Regimine principum* (3); 1 jule, Longus, *de Annulis Signatoriis*; D. Gregorii carmina cum versibus græcis (4), D. Cyrilli de plantis et Animalibus non editis (5); Albergoti, *che la Luna sia da se luminosa*, 4°; 3 jules, *Itinerarium ad Regiones sub Æquinoctio positas*, 8° et Gasp. Sciopii *Paradoxa litteraria*, 8° (6); 3 jules, Caryophilli (7) liber adversus Zachariam Gergavin gr. lat. 4°; 5 jules, deux Traités du

(1) Ce *calculator* doit être quelque calendrier.

(2) Marc. Anton. SCIPIONIS *Elogia abbatum cassinensium*. Neapoli, 1630, in-fol. (Lengl.-Dufr., op. cit., X, p. 36). Ces éloges des abbés du Mont-Cassin ne sont pas mentionnés dans le *Manuel du Libraire* : on y chercherait tout aussi vainement la plupart des ouvrages dont l'énumération va suivre.

(3) Brunet signale plusieurs éditions du *De regimine principum libri tres* d'Ægidius (de Columma), romanus : la première de 1473 (Augsbourg), une autre de 1482 (Rome), la dernière de 1607 (Rome, in-8), revue par Guillaume Samaritan et enrichie d'une vie de l'auteur.

(4) Les poésies de S. Grégoire de Nazianze furent publiées à Venise, par Alde en 1504 (in-fol.) sous ce titre : *Carmina nuper e græco in lat. translata*. Le recueil fut souvent réimprimé et c'est d'une de ces réimpressions qu'il s'agit.

(5) A la suite d'une édition des poésies choisies de S. Grégoire (*Carmina selecta*, Rome, 1590, in-8), on trouve l'opuscule de S. Cyrille d'Alexandrie, intitulé : *De plantarum et animalium proprietate liber*.

(6) *Paradoxa litteraria in quibus multa de litteris nova contra Ciceronis, Varronis, Quinctiliani, aliorumque litteratorum hominum tam veterum quam recentiorum sententiam disputantur* (Milan, 1628). Gaspard Schopp publia cet ouvrage sous le pseudonyme de Pascasius Grosippus. Voir sur le sécond écrivain satirique diverses notes de la lettre déjà citée de Naudé à Jacques Dupuy (*Bulletin du Bibliophile* de décembre 1881, p. 537, notes 6, 7 et p. 538, notes 1, 2, 3).

(7) Le nom de *Caryophilus* est représenté en italien par la forme *Garofalo*. Nos recueils biographiques ne connaissent qu'un Garofalo postérieur à celui-ci, Blaise, antiquaire, né à Naples en 1677, mort en 1762. Le nôtre avait pour prénoms Jean-Mathieu et Brunet cite de lui le recueil : *Sancta generalis florentina synodus*, *gr. et lat.* (Rome, 1638, 2 vol. in-4).

Vesuve (1) : 1 jule, Scheiner (2) *de rerum delineatione cum figuris*, 4° (3), 3 jules, *ejusdem Rosa Ursina de Maculis solaribus cum diversis figuris in ære* fol. (4), de maniere qu'il me reste encore de l'argent que j'employeray aux occasions, ou suivant vostre commandement. Il y a quelques uns de ces livres que vous ne m'avés pas demandé, mais neantmoins j'ay veu qu'il estoit à propos de vous les envoyer à cause de leur nouveauté et prix assés raisonnable. Celuy des Religieuses de Remiremont m'a esté donné par M^r l'Abbé de Bourlemont (5), aussi bien que celuy de Campanella par l'Autheur (6).

On a imprimé icy plusieurs Relations de l'embrasement du Mont Vesuve, mais celle que je vous envoye a esté jugée la meilleure. De plus, Mr Suarès m'a dit qu'il vous envoyeroit celle qu'il en a dressée (7). Pour moy j'en

(1) Le Vésuve a inspiré de si nombreux ouvrages, qu'une bibliographie vésuvienne qui serait complète remplirait un très gros volume. Nous allons trouver plusieurs indications à cet égard dans les lettres de Naudé qui lui-même a publié un *Discours sur les diverses* (sic) *incendies du mont Vésuve, et particulièrement sur le dernier, qui commença le 16 décembre 1631* (Paris, 1632, in-8).

(2) Le savant astronome Christophe Scheiner naquit en 1575 à Wald (Souabe) et mourut à Neiss (Silésie) en 1650.

(3) Ceci est le titre abrégé. On trouvera le titre complet dans la *Bibliothèque des écrivains de la Compagnie de Jésus* (t. III, in-fol. 1876. col. 604). Voici les premiers mots de ce titre interminable : *Christophori Scheiner e Societate Jesu Germano-Suevi, pantographice, seu ars delineandi res quaslibet....* (Rome, 1631. in-4).

(4) *Rosa Ursina sive sol ex admirando facularum et macularum suarum phænomeno varius*, etc. (Bracciani, 1630. in-fol.).

(5) Il ne faut pas confondre cet abbé avec Louis d'Anglure de Bourlemont qui fut archevêque de Bordeaux à la fin du xviie siècle (6 septembre 1680-9 novembre 1697).

(6) Thomas Campanella avait alors 64 ans ; il allait bientôt partir pour Paris où il devait mourir en 1639.

(7) La relation de Suarès n'est pas indiquée par le d^r Barjavel dans le *Dictionnaire historique, biographique et bibliographique du département de Vaucluse* (t. II, 1841, p. 425-430). Rappelons que Suarès a dédié à Naudé une de ses très nombreuses plaquettes (*Diatribæ duæ*, etc., Lyon, 1652, in-4).

escrivis tres amplement à Mr du Puy dès le 3 janvier.
Nous avons icy Petrus Castellus et Alsarnis a Cruce,
doctes Medecins qui en vont faire imprimer de gros
livres, comme fait aussi le Carraciolo à Naples (1).

Les funerailles du feu s^r Aleandre (2) feurent celebrées
il y a quelque temps en l'Academie des Humoristes, de
quoy je me raporte en ce que vous en escript Mr Suarès.
Jeudy dernier on y celebra encore celles de l'Abbate
Grillo (3) avec un apparat qui tenoit un peu plus du
magnifique, et de liberalité de sa Religion (4) qui four-
nissoit aux frais. Bruny, secretaire du Cardinal d'Este et
assés bon poëte (5), fit l'Oraison funebre en vulgaire, et
ensuite beaucoup d'Academistes reciterent plusieurs
poësies; il y eut quinze ou seize Cardinaux presents, et

(1) Antoine Carracioli, de l'ordre des Théatins, avait déjà publié
plusieurs ouvrages, parmi lesquels on remarque : *Nomenclator et
propylea in quatuor antiquos chronologos* (Naples, 1626, in-4).
Parmi les *gros livres* dont voulait parler Naudé, il faut placer sans
doute le *De sacris Ecclesiæ Neapolitanæ monumentis* qui parut après
la mort de l'auteur (Naples, 1645, in-fol.).

(2) Jérôme Aléandre était mort en 1629, amèrement regretté par
Peiresc, qui déplore sa perte dans plusieurs de ses lettres en termes
touchants. Voir sur Aléandre le fascicule V des *Correspondants
de Peiresc* (*Claude de Saumaise*, p. 7) et le fascicule VII (*Gabriel
de l'Aubespine, évêque d'Orléans*, p. 15). — Ajoutons qu'on voit à
la Bibliothèque Barberini, où sont conservés les papiers d'Aléandre,
des séries entières de lettres originales en français ou en latin, que
lui ont adressées la plupart de nos amis. Voir les manuscrits
cotés : XXI, 59; XXXI, 59; XLIII, 158. On y trouvera Pierre et
Jacques Dupuy, Nicolas Rigault, le libraire Cramoisy, etc.

(3) Dom Ange Grillo, d'une noble famille de Gênes, bénédictin
de la congrégation du Mont-Cassin, fut abbé de St-Paul de Rome
et fonda l'Académie des Humoristes, dont il devint lui-même,
disent les biographes, un des principaux ornements.

(4) C'est-à-dire sa congrégation.

(5) Antoine Bruni naquit à Casal-Nuovo (terre d'Otrante),
mourut à Rome, le 24 septembre 1635, ayant, dit-on, abrégé sa vie
par des excès de bonne chère. Ginguené *(Biographie universelle)*
a ignoré que ce poète fut secrétaire du cardinal d'Este : il en fait
le secrétaire du duc d'Urbin et ensuite du cardinal Gessi, nom qui
me paraît altéré, car je ne trouve aucun prince de l'Eglise qui ait
été appelé ainsi.

tant d'autres personnes que la moitié fust contrainte de demeurer dehors.

Leo Allatius va mettre soubs la presse son livre *de patria Homeri* (1), et en fait un autre de touts les Ecrivains qui sont maintenant à Rome ou y estoient en 1630, auquel il inserera le Catalogue des livres qu'ils ont composés (2). Le Pere Souvranus fait aussi imprimer celuy que l'Agent de la Religion de Malte nommé Bosius (3) avoit laissé imparfait, il s'appelle *Roma Subterranea*, et contient une exacte description et explication de toutes les figures trouvées dans les Grottes et Catacombes de Rome avec les figures en cuivre de la grandeur et grosseur à peu pres d'un Atlas.

Pour moy je m'en vay songer à recueillir l'Histoire des Comtes Guides (4), suivant que Mr Suarès m'a tesmoigné l'avoir agreable. C'est pourquoy je vous supplie de songer à ce que vous en pouvés avoir leu autre part que dans le Leandro Alberti (5), Paul Jove, Adriani, Rubeus, Dante, Villani, Mr de Thou, Boninsegni, Masson (6) et autres

(1) Allatius était alors âgé de 46 ans. Nos biographes ne citent aucune édition du *De patria Homeri*, antérieure à 1640 (Lyon, in-8). Mais j'ai déjà signalé (*Bulletin du Bibliophile*, 1881, p. 534) une édition de Rome antérieure à novembre 1636.

(2) *Apes Urbanæ*, etc. (Rome, 1633, in-8).

(3) Antoine Bosio était mort en 1629, après avoir travaillé pendant trente-cinq années à ce monument qui s'appelle *Roma Sotterranea*, lequel parut en 1632 (grand in-fol.), complété par le P. Severani que Naudé appelle *Souvranus*.

(4) Naudé veut parler de la généalogie de la maison de Bagni, maison florentine, qui était fort ancienne et fort illustre. On sait qu'il publia en 1637 (Rome) : *Nicolai ex comitibus Guidiis Marchionis Montis-Belli elogium*.

(5) Léandre Alberti, dominicain, né à Bologne en 1479, mort en 1552, est célèbre comme historien de sa ville natale (Bologne, 1541, in-4), et encore plus comme auteur de la *Descrittione di tutta l'Italia* (Bol., 1530, in-4), qui est probablement le livre cité ici par Naudé.

(6) Je ne donne aucune indication (car ce serait superflu) sur Paul Jove, Dante, Villani, le président de Thou et Papyre Masson. Je me contenterai de rappeler que Jean-Baptiste Adriani a laissé

Autheurs que j'ay desja remarqués, et m'en donner instruction, en quoi vous obligerés beaucoup M^r le Cardinal
et moy pareillement qui ne puis venir à bout de cette
fatigue sans le secours des personnes de vostre merite.
Vray est que je ne puis pas maintenant beaucoup advancer
en cette recherche à cause que nous sommes sur le point
de nous en aller à l'Evesché (1) et aux chateaux de Monsieur pour passer l'Esté auprès de Ravenne, Cesenne
et quelques autres villes, où si je vous puis rendre service,
il ne faut que me commander.

Vous pourrés envoyer vos lettres à Mr de Bonnaire (2)
ou autres de vos amis, et les prier qu'il les mette entre les
mains de nostre Auditeur, ou de quelqu'autres qui resteront à la maison, lesquels ne manqueront de me les faire
tenir.

Il pleut à M^r le Cardinal Barberin de me favoriser, il y
a quelque temps, d'une Cure en Bretagne, mais ne pouvant mettre aucune pention dessus parce qu'elle n'est que
de deux cents livres (3). Je croy qu'il m'en faudra faire
un ami. J'estime toutefois avoir receu ce benefice par vostre
faveur, dont je vous remercie et vous prie de faire le
mesme envers luy lorsque l'occasion s'en presentera,

une fidèle Histoire de son temps qui s'étend de 1536 à 1574; que
Jérôme Rubeus est l'auteur d'une histoire de la ville de Ravenne
(Venise, 1590, in-fol., édition augmentée), et que *Boninsegni* est
l'historien florentin Domenico Buoninsegni, dont Mazzuchelli parle
au tome II de ses *Scrittori d'Italia.*

(1) Le cardinal Bagni était alors évêque de Cervia, à vingt kilomètres de Ravenne; il échangea, plus tard, l'évêché de Cervia
contre celui de Rieti, à soixante-cinq kilomètres de Rome.

(2) M. de Bonnaie ou mieux Debonnaire était le beau-frère du
poète-romancier Jean Barclay, sur lequel M. Jules Dukas a publié
ici-même un excellentissime et mémorable travail.

(3) Savait-on que Naudé eût joui (si le mot jouir peut s'employer
en pareil cas) de cet humble bénéfice en Bretagne? Moréri et les
autres biographes ne mentionnent que les deux bénéfices donnés
par le cardinal Mazarin à son bibliothécaire, un canonicat à Ver-
dun et le prieuré de Lartigue en Limousin, lesquels réunis valaient
tout au plus douze cents livres de rente.

parce que vous avés assés d'autres choses de quoy vous le pouvés remercier en la premiere.

J'ay descouvert icy le lieu où sont les Manuscrits de Cardan (1) pour lesquels le s^r Aleandre avoit commencé de traitter, mais je croy qu'ils ne sont pas moins chers qu'ils estoient de son temps. Je l'ay aussi mandé à Paris pour voir s'ils trouveront quelqu'un qui les mette en liberté parceque mes forces ne sont suffisantes de ce faire.

Quant au Catalogue de mes Mss. que je vous avois promis, je l'acheve maintenant, et n'estoit qu'il est trop gros je vous en manderois une copie, laquelle je retarderay jusques à ce que je scache si vous desirés que j'y employe le copiste.

J'envoyay, il y a quelques jours, une Balle à Mr Moreau (2), et il me prie de continuer, mais je ne le fay qu'à

(1) Jérôme Cardan naquit à Paris en 1501 et mourut en 1576. Voir sur lui, dans le *Dictionnaire général de biographie et d'histoire* de Bachelet et Dezobry, un bon petit article de M. Charles Nisard (de l'Institut), qui le proclame « un des plus grands esprits de son siècle », et, dans la *Nouvelle Biographie générale*, un article très développé et très intéressant de M. Victorien Sardou. Naudé s'est beaucoup occupé de Cardan : en 1635, il publia le traité de ce philosophe : *De præceptis ad filios*, accompagné d'une préface (Paris), et en 1644 (également à Paris) l'autobiographie intitulée : *De propria vita* avec une préface et un jugement sur l'auteur. — A propos des manuscrits de Cardan, recherchés par les érudits romains, on peut rappeler que, dans un volume de miscellanées originales recueillies par Allatius précisément à cette époque, figure une longue lettre du philosophe-médecin contenant des plaintes sur les injustices dont il est victime : *H. Cardanus medicus Francisco Alciato cardinali* ill^{mo} *S. P. D. Etsi decuerat me ad te verba facturum venire...* (Bibliothèque Barberini, XXXVIII, 92, fol. 93).

(2) C'était le docteur René Moreau, le savant éditeur du recueil connu sous le titre de *Schola Salernitana, de valetudine tuenda* (Paris, 1625); il naquit à Montreuil-Bellay le 6 août 1587 et mourut à Paris le 17 octobre 1656, laissant une des plus belles collections de livres qui aient été formées au xviie siècle. Voir sur Moreau les lettres de son confrère et ami Guy Patin qui, pour ainsi dire, le loue sans cesse. Voir aussi les lettres latines de Naudé (pp. 44, 52, 179). Cette dernière lettre, du 2 janvier 1631, porte cette

regret à cause des frais et incommodités de la voiture (1).
Je vous envoyeray demain ou après demain les vostres, et
attendant des nouveaux ordres, je demeureray, Monsieur,
vostre etc.

NAUDÉ.

De Rome ce I Fevrier 1632 (2).

II

Monsieur,

Aiant receu deux des vostres depuis que je suis à Venise,
je m'attendois d'y treuver quelques commissions spéciales
pour vous y pouvoir servir, suivant que je vous en avois
prié par ma dernière escritte de la Malse (3), avec laquelle
je vous envoiois, ce me semble, le livre de Michaleis (4),
les craines de certains agneaux qui sont en l'église de
S. Vital à Ravenne sur les sepultures de Placidia et en
autres endroicts avec celuy au vray de ce Gamaliel fameux
et prestre zellé comme pour celebrer la messe et quelques
autres bagatelles desquelles il ne me souvient plus. Mais
à ce que je voy ou mes lettres se seront perduees ou au
moins elles auront esté retardées, et le mal est que n'ayant
plus que quinze jours ou trois sepmaines au plus a demeurer icy, je commence à desesperer d'y pouvoir recevoir

adresse : *Doctissimo viro D. Renato Moreau, doctori et professori
medico parisiensi ordinario, nosocomii Lutetiani therapeutæ et
saluberrimæ facultatis medicinæ parisiensis decano dignissimo,
Lutetiam.*

(1) C'est-à-dire transport.

(2) Bibliothèque Méjanes, à Aix-en-Provence, collection Peiresc,
t. VIII, fº 3, copie.

(3) Je crois qu'il faut lire ainsi le mot dans l'original. Il y a
peut-être *Masse.* En tous cas, il semble que ce soit le nom de
Massa-Lombarda, petite ville sur la route de Bologne, où Naudé
a certainement passé en quittant Ravenne.

(4) Il s'agit là peut-être de l'ouvrage ainsi désigné dans le *Manuel du Libraire* (t. III, col. 1696): *Michael monachus sanctuarium
capuanum, in quo sacræ res Capuæ,* etc. (Naples, 1630, in-4).

vos commendemens. Aussy bien qu'à dire vray, j'aye creu
ne vous y pouvoir pas rendre grand service puisque vous
y avez continuellement M. Gaffarel(1) qui faict la recherche
de livres la plus admirable que lon ait jamais veue, ny
aiant rien de bon ny de mauvais qui ne luy passe par les
mains en quelque matière et langue que ce soit, ce qui
me faict juger qu'il n'obmettra auculne occasion de contenter vostre grande curiosité tant pour ce qui est des
vieux que des nouveaux livres (2). Si savois en quoy il
aura peu manquer je tascherois de suppléer à son défault,
mais ne sachant pas ce qu'il vous aura envoyé, je demeure
aussy dans l'incertitude de vous pouvoir servir crainte de
le faire mal à propos. C'est pourquoy n'aiant rien de plus
pressé que de respondre aux lettres et premierement à
celle du 29 Janvier (3), je vous diray, monsieur, que ceux
qui ont traduict le texte grec du livre *de ponderibus et
mensuris* (4) n'ont pas aporté plus de diligence à ce travail
qu'a tous les autres encore bien qu'il fust plus difficile
d'aultant qu'ayant entreprins leur simple version ils ny

(1) Sur Jacques Gaffarel, voir la notice mise en tête de quatre
lettres inédites de cet érudit que je viens de publier (Digne, 1886,
in-8); voir surtout les documents inédits relatifs à Gaffarel et à
sa famille dont l'amitié de M. de Berluc Perussis a bien voulu
enrichir mon petit recueil. J'ai oublié de constater, dans ma notice, qu'un renommé bibliographe a transformé l'abbé Gaffarel en
un certain *cardinal Caffarelli*, que le Sacré Collège n'a jamais
connu (voir *Répertoire bibliographique universel*, p. 445). Une
omission plus grave, c'est celle-ci : je n'ai pas rappelé qu'il fut
question, un moment, de confier à Gaffarel la direction de la
bibliothèque de Saint-Marc, ce qui résulte d'une note dont je ne
retrouve pas la provenance, mais qui me paraît digne de toute
confiance.

(2) Heureux Peiresc qui, pour ses commissions de librairie,
avait à sa disposition des bibliophiles tels que Gaffarel et Naudé !

(3) Cette lettre du 29 janvier 1623 ne nous a pas été conservée.

(4) Peiresc s'occupait beaucoup des poids et mesures de l'antiquité et il recherchait partout les documents relatifs à ce sujet.
Voir sur quelques-unes des matériaux par lui réunis une note des
Lettres de J. J. Bouchard (p. 27) et une note des *Lettres de Claude
de Saumaise* (p. 12).

sont pas venus préparés avec tant d'érudition comme vous, Monsieur, qui après avoir veu et cogneu tout ce qu'il y a de plus difficille en ceste matiere de ponderibus, pouvez maintenant juger des faultes que ces messieurs les interpretres auront commises en la traduction des livres qui en parlent, et pour ce il seroit à souhaiter que persone n'entréprist jamais la version du livre qui ne fust bien versé non seulement en la langue en laquelle il est escrit, mais encore en la matière qui est d'apliquer en iceluy. Sed spaciis nimis iniquis concludimur. Si estant, c'est alors que nous advansons le moins de façon que chascun voulant faire de l'universel et du polygraphe (1), ce n'est pas de merveille s'ils passent sur la cognoissance des choses particulières de laquelle néantmoins dépend la verité et l'establissement des universelles ; c'est pourquoy, monsieur, ceste doctrine de ponderibus et mensuris aiant besoin d'estre veue et examinée de nouveau comme tant d'autres qui en ont escrit, comme connessez, négligemment, elle ne le pouvoit mieux estre que par vous, monsieur, qui excellés en toutes les bonnes qualités qu'ont jamais eu les autres et en celle la principalement qui leur a manqué, sçavoir examiner toutes choses au doigt et à l'œil (2) et avec la plus grande diligence qu'autre personne ait jamais faict. D'aucuns peuvent croire que vous descouvrirés des secrets merveillieus en ceste matière, en l'estude de laquelle je voudrois bien vous pouvoir aider des M[anuscrits] et remarques que vous désirés, mais nostre absence d'Urbin et de Rome, et la difficulté qu'il y a de pouvoir faire quelque chose par l'entremise de ceux qui ne sont pas interessés à vous donner satisfaction [autant] que moy, m'en ostent totalement le moyen, veu principalement que

(1) Le mot *polygraphe*, dans le *Dictionnaire* de Littré, n'est accompagné d'aucun exemple. On pourra désormais citer sous ce mot la phrase de Naudé.

(2) Locution au sujet de laquelle Littré ne fournit que des exemples postérieurs à l'époque où Naudé écrivait ceci.

le seigneur Leone Allatio (1) a tellement esté empesché
depuis six mois à la composition et impression de l'un des
livres qu'il a maintenant sous la presse : de scriptoribus
romanis, qu'il ne luy a fallu parler d'autre chose sans
l'offenser ; lorsqu'il en sera delivré, ce qui sera je croy
bien tost, il m'a promis de m'envoyer beaucoup de bons
memoires. Desquels néantmoins vous pouriés, monsieur,
avoir encore plus facilement et plus amplement, s'il vous
plaisoit de luy en escrire un mot, puisque c'est la cour-
toisie mesme et qu'il ny a homme en Italie qui vous puisse
servir plus a propos que luy a cause de la cognoissance
qu'il a de tous les Mss. grecs et latins de la Vaticane en
laquelle il passe tous les jours quatre ou cinq heures et
aussy parce qu'il est un des plus scavans hommes de ces
quartiers et le premier connesseur en la langue grecque,
(giache si ritrova morto il Cariofillo (2). Si vous treuvez
bon de lui escrire, je vous asseure que vous n'en resceverez
pas moins de consolation que Monsieur Moreau, lequel
par le moyen d'une simple lettre en a tiré plus de douze
cens corrections sur le Galien (3) et s'il manque à ce qui sera
de son debvoir envers vous, ce sera moy qui rougiray de
vous y avoir embarqué mal à propos. Pour ce qui est de
la Bibliothèque d'Urbin, elle est toujours au mesme estat
comme vous l'aviés laissé (4) c'est a dire *lentis devincta
catenis*, au moins a ce que m'en escriuent mes amis qui
desesperent de pouvoir en retirer chose du monde pendant
qu'elle sera en cest estat. Peut estre se pourra il treuver

(1) Cet éloge d'Allatius complète tout ce qu'ont dit de cet érudit
Bayle et les autres biographes.

(2) Sur Garofano, voir plus haut lettre I.

(3) Le Galien si bien préparé par René Moreau n'a jamais
paru. Le savant médecin n'a publié, en fait de travaux sur les
écrivains médicaux de l'antiquité, que ses *prælectiones* sur deux
traités d'Hippocrate (Paris, 1637 et 1646).

(4) Le voyage de Peiresc en Italie dura près de trois années
(de 1599 a 1602). Son séjour à Urbin n'a pas été spécialement indiqué par Gassendi.

icy quelque chose en la Bibliothèque de Saint Marc, delaquelle puisqu'on m'a promis de me faire veoir le catalogue, je vous asseure que par ma première vous aurez l'extraict de tout ce que j'y treuveray ou non encore imprimé à mon advis ou digne de considération parmy les imprimés, car de vous l'envoyer tout entier ce ne seroit jamais faict, si d'avanture M. Gaffarel ne vous procuroit avec le temps des exemplaires de ce catalogue, puisqu'il se treuve imprimé quoique sans non et seulement pour le service de ceux qui sont obligés d'en avoyr des coppies par devers eux. Pour celuy d'Urbin il m'estoit impossible de le transcrire en deux ou trois après dinées que nous fusmes dans la bibliothèque. Mais quant je l'eusse peu faire je croy que c'eust este en vain puisque je n'ay rien laissé que les autheurs qui m'estoient cogneus et que je scavois n'estre d'aucune cognoissance soit imprimés ou M[anuscrits]. Vous adjoustiez aussy, monsieur, par la fin de vostre lettre les recommandations de Monsieur Gassendi (1) auquel je vous prie de tant m'obliger que de lui renvoyer les miennes et de l'asseurer qu'il me fera un plaisir indicible de m'escrire en trois mots de quelle façon [il m'enverra] le traitté en sa response, desespérant qu'elle puisse jamais venir icy.

Pour ce qui est de vostre lettre du 10 febvrier, ou vous examinés si particulièrement l'inscription de Arimini, je vous dirois, si vous l'aves agréable que je vous parle librement, que j'ay tousjours veu qu'il estoit bon de se servir de ses inscriptions pour confirmer ce que disent les historiens et avoir cognoissance de ce qu'ils auroient peu oublier, mais de les vouloir balancer avec ce que de bons autheurs disent au contraire, c'est chose à quoy j'ay tousjours eu de la repugnance pour ce qui est

---

(1) Au sujet des relations du biographe de Peiresc avec Naudé, je demande la permission de renvoyer le lecteur à une longue note des *Documents inédits sur Gassendi* (Paris, 1877, p. 17).

de mon particulier et mes raisons sont au moins celles que
je puis fournir et sans avoir autres livres devant moy
que le Fernel (1) et du Laurent (2) : que nous avons premierement en France, au moins à Paris, un proverbe qui
dist menteur comme un espitaphe (3), et que comme j'ay
remarqué une infinité de faultes dans les inscriptions
récentes et en celles mesmes dont le public a eu soin,
aussy s'en pouvoit il commettre de semblables dans les
anciennes et que en effect il s'y en est commis comme le
montrent, si j'ay bonne memoire, les autheurs qui ont agité
la question *an Virgilius dicendus esset vel Vergilius* (4),
an Plinius esset Como vel Verona oriundus (5), Castalio (6)

(1) L'ensemble des œuvres de Jean Fernel, premier médecin du
roi Henri II, est très considérable. Fernel est surtout connu par
sa *Medicina universa*, qui eut un grand nombre d'éditions parmi
lesquelles on cite, outre la première (Paris, 1554, in-fol.), celles
de 1567 (Paris, in-fol.), de 1645 (la Haye, 2 vol. in-8), celle
d'Utrecht (1656, 1 vol. in-4). Fernel mourut le 26 avril 1558.

(2) André Du Laurens, premier médecin du roi Henri IV, naquit
le 9 décembre 1558 à Tarascon (on a indiqué par erreur la ville
d'Arles) et mourut à Paris le 29 octobre 1582. Voir sur ses ouvrages une excellente étude de M. E. Turner sous ce titre : *Bibliographie d'André du Laurens, premier médecin du roi Henri IV et
chancelier de l'Université de Montpellier*, dans la *Gazette de médecine et de chirurgie* des 21 mai, 11 et 25 juin 1880. Naudé, en citant
Fernel et du Laurens, veut dire qu'il n'a sous la main que des
ouvrages médicaux.

(3) Littré mentionne cette locution proverbiale qui avait été déjà
recueillie par nos vieux lexicographes, notamment par les rédac-
teurs du *Dictionnaire de Trévoux*. *Faux comme une épitaphe* est la
formule par où s'ouvre l'une des *Nouvelles genevoises* de Topffer,
Le grand Saint-Bernard.

(4) Le premier qui ait traité cette question orthographique est
Ange Politien dans ses *Miscellanea*, qui datent de 1489.

(5) On sait que Pline l'ancien et son neveu Pline le jeune na-
quirent à Côme.

(6) Il ne s'agit pas de Sébastien Castalion, mais de Joseph
Castiglione d'Ancône, en latin *Castalio*, dont il sera question
souvent dans l'ouvrage sous presse de M. Pierre de Nolhac, *La
bibliothèque de Fulvio Orsini*. Outre la courte biographie qu'il a
écrite de son contemporain et ami Orsini, Castiglione a produit

en certains traictés critiques, Sardus et quelques autres,
esquels tous aussy bien que dans le Grutere (1), l'ortho-
graphie de Manuce (2) et beaucoup de vieilles pierres et mo-
numents je me souviens d'avoir remarqué beaucoup
d'inscriptions fautives corrompuees estropiées surabon-
dantes et pleines de semblables defectuosités, et que comme
dans les meillieurs M[anuscrits] il s'y treuve des faultes
tres importantes, temoin celle que je treuve à l'ouverture
du Virgile de la Vaticane, lorsque Monsieur Bouchard (3)
l'alloit voir par vostre commendement *Formonsum Coridon
pastor ardebat Alexin* (4), aussy s'en pouvoit il faire encore
plus facilement sur les pierres veu que les sculpteurs estoient
plus ignorans que ceux qui copioient les manuscrits et qu'une
faulte faicte sur le cuivre ou le marbre ne se peut pas si
facilement lever que sur le parchemin. Et parceque ces
inscriptions se faisant anciennement en la langue vulgaire
qui estoit la latine au moins suivant l'opinion commune,
aussy aportoit-on moins de diligence à les faire exacte-
ment que si elles eussent esté en langue estrangère comme
nous voions dans nos modernes qu'il se commet beaucoup
plus de faultes dans les françoises et Italiennes et si

beaucoup d'ouvrages d'archéologie et de philologie ; il y a fait de
très nombreuses citations d'inscriptions antiques.

(1) Le *Grutere*, c'est le recueil d'inscriptions de Jean Gruter
(*Inscriptiones antiquæ totius orbis romani*, Heidelberg, 1602, 2 vol.
in-fol.).

(2) C'est l'*Orthographiæ ratio collecta ex libris antiquis... num-
mis... lapidibus*, publiée par Alde le jeune, Venise, 1561, 1 vol. in-8.

(3) J'ai déjà cité les lettres de ce personnage réunies dans le
fascicule III des *Correspondants de Peiresc*. Je citerai, de plus,
un document tout récemment publié : *Deux testaments inédits.
Alexandre Scot, 1616. Jean-Jacques Bouchard, 1641* (Tours, 1886,
gr. in-8).

(4) Tous les lecteurs ont rétabli le vers de l'églogue :

Formosam Corydon pastor ardebat Alexin.

La leçon fautive est empruntée au *Codex Romanus* des philologues,
qui figurait à la Vaticane dès le xvᵉ siècle ; v. P. de Nolhac, *Les
peintures des manuscrits de Virgile*. Rome, 1884.

comme avant les latines, finalement parceque chascun se
meslant anciennement d'en faire faire, serviteurs ou liber-
tins, artisans, chasseurs, laboureurs, bateliers, femmes et
enfans, aussy est-il à croire que c'estoit d'une terrible
sorte et avec des faultes signalées de fason que de les
vouloir mettre *pro criterio veritatis*, comme je voy que
beaucoup font en ce temps, il me semble que ce seroit trop
leur deferer. Sur quoy je vous supplie, monsieur, de me
vouloir donner un petit mot de vostre advis, d'aultant
qu'ayant à faire un chapistre sur ceste matière au livre
que je pourroy faire imprimer quelque jour *de Censura
veri* (1), je serois bien aise de n'en rien dire temérairement
un premier que d'avoir eu le jugement (sic) de peur qu'ils
ont pas toute cognoissance comme vous. Mais pour revenir à celle (2) du Pont de Rimini je ne scay si je vous
ay mandé que celle que l'on a faict mettre sur une des
portes copiée de mot à mot sur la grande qui se perd et
déteriore tous les jours, est maintenant fautive et mal
copiée de façon que la grande estant rompue et brisée en
divers endroicts, l'un deperditione substantia qui est le
pire, je ne scay de quel remède on se pourroit servir pour
en tirer quelque chose d'asseuré et tout ce que je puis
faire c'est de vous asseurer que si je retourne jamais en
la dicte ville je feray toutes les observations sur la dicte
inscription que vous me marquiez en vostre lettre, et avec
le plus de diligance qu'il me sera possible tant pour ce
qui est des lettres perdues que de la haulteur de celles qui
sont demeurées.

Quant aux observations que vous me commandés de
faire sur les manuscrits d'Urbin, je vous ay dit cy dessus
pour quelles raisons il ne m'estoit pas possible de vous
satisfaire en ce point, il ne me souvient point d'y avoir

(1) Naudé n'a jamais fait imprimer cet ouvrage.
(2) C'est-à-dire l'*inscription*.

rien veu d'Agnellus (1) pour l'histoire de Pise (2) et pour le consolato del Mare je n'en puis rien dire au vray, bien me souvient-il avoir vu le dit livre imprimé in-4° et un autre petit in-8° et latin contenant leges nauticas publié par Camerarius ou quelque autre.

Lorsque nous serons de retour à Rome, je disposeray Monsieur nostre cardinal de vous envoyer certains M[anuscrits] in-4° de sa Bibliothèque dans lequel il y a certaines vieilles rymes en provençal (3) qui seront peut estre de celles que vous demandés. Je n'ay point passé en venant icy à Adria et ne croy pas de jamais nous rencontrer (4). Mais je ne lairay pas néantmoins de chercher si quelqu'un me pourra informer de ses antiquités et s'il ne s'en est imprimié aulcun livre peut estre en pourriés vous cependant veoir quelque chose dans les oraisons del Cero d'Adria italiennes ou françoises.

Partout où je rencontre des vieux livres je ne manque point d'en prendre le catalogue. Mais cela m'arrive rarement et pour tous ceux qui sont dans Padoue restés M[anuscrits], vous en aurez bientost le catalogue imprimié derrière un livre que le père Thomasinus (5) va mettre soubs la

---

(1) Agnellus, Agnello, encore appelé André, est un écrivain du xe siècle, qui a fait l'histoire des évêques et archevêques de Ravenne, sa ville natale. Sa chronique a été publiée, en 1708, par Dom Bacchini sous ce titre : *Agnelli, qui et Andreas, abbatis S. Mariæ ad Blachernas, liber pontificalis, sive vitæ pontificum Ravennatum*, etc. (2 vol. in-4), et a été réimprimée par Muratori dans le tome II *(pars prima)* de son recueil : *Scriptores rerum italicarum.*

(2) Peiresc s'intéressait fort à l'histoire de la ville de Pise, d'où ses aïeux, les Fabri, étaient originaires.

(3) Nos romanistes savent-ils quelque chose des « vieilles rimes en provençal » que possédait le cardinal Bagni ?

(4) Naudé veut dire qu'il ne croit avoir jamais l'occasion d'aller à Adria.

(5) Jacques-Philippe Tomasini naquit à Padoue en 1597 et mourut en 1654 à Città-Nuova, en Istrie, dont l'évêché lui avait été donné par Urbain VIII en échange de l'ouvrage intitulé : *Petrarcha redivivus* (première édition, Padoue, 1635, in-4 ; seconde

presse intitulé Athena Patavina (1) le susdict père va faire
aussy imprimer son Petrarque ? qui sera beaucoup plus
gros que n'a este son Tite Liue (2). Quant aux mss.
Arabes et Hebreux personne ne vous en peut donner meilleur compte que M. Gaffarel qui en a faict un amas icy
de plus de deux cens.

Lorsque j'iray à Venise si j'y puis treuver la Mappe
Monde que vous demandés ou autre chose qui vous soit
agréable, je ne manqueray d'en charger le dit sieur Gaffarel afin qu'il vous les face tenir.

J'ay eu advis icy qu'il ny a personne en Italie qui ait
plus de recherches et plus d'information de Ponderibus et
mensuris que l'illustrissime senateur Dominico da Molino (3) lequel ayant salué à mon arrivée, il me tesmoi-
gna qu'il vous cognoissoit fort bien et qu'il faisoit grand
estat de vostre très singulière erudition.

Estant venu icy pour prendre mes degres en medecine
à cause de la charge de deffunct Monsieur Thuillier (?)
que Monsieur le cardinal m'y a faict obtenir, je n'y ay
plus treuvé des fameux professeurs qui y estoient autresfois que le Licetus (4) lequel travaillet continuellement à

édition, augmentée, *ibid.*, 1650, in-4). Voir sur ce prélat une note
de la *Lettre de G. Naudé à J. Dupuy (Bulletin du Bibliophile* de
décembre 1881, p. 535).

(1) Il s'agit évidemment du recueil resté inachevé, dont il parut
un essai en 1633. sous le titre de *Prodromus Athenarum patavi-
narum* (Padoue, in-4). Le supplément sur les manuscrits de Padoue,
dont parle ici Naudé, a été donné plus tard dans un ouvrage dis-
tinct fort précieux: *Bibliotheca patavina manuscripta.* (Padoue,
1639, in-4).

(2) La vie de Tite-Live (en latin) parut à Padoue en 1630 et
reparut (avec additions) à Amsterdam en 1670 (in-4). Le *Petrarque*
est évidemment le *Petrarcha redivivus*, du même format, mais plus
étendu que le *Titus Livius Patavinus.*

(3) Ce personnage est ainsi mentionné par Gassendi racontant
le séjour de Peiresc à Venise en 1600 (p. 32) : « *tam ut viros
doctos, litterarumque amanteis, veluti Paulum Sarpium, Dominicum
Molinum, et complureis alios conveniret* » Nous le retrouverons
dans les lettres suivantes.

(4) Voir sur Fortunio Liceti et sur ses relations avec Naudé,

faire imprimer diverses compositions, la dernière est la
responce qu'il a faicte au livre de *Asitia* de Stephanus Cas-
trensis (1) celle qui roulle soubs la presse est un traicte
de fulmine et de febribus (2) sur un ancien enigme d'un
medecin appelle Hygeianus que nous prenions pour un
non faint. Si vous en aviés, Monsieur, quelque autre
cognoissance, vous nous obligeries grandement de nous en
advertir. Ceux qui attendent l'impression sont VIII tra-
vaus Hydrologia peripatetica (3) ; apologia pro Aristotele
adversus Vicomercat[um] et qualiter probatur opinio de origine Danubii et alius fluvii Apologia pro Aristotele non
impio neque male morato de poemate antiquis figurato.
Explicatio in Aram Dosiadæ (4) ou il s'attache principalement contre Saulmaise et les 4 autres sont sur Louis
Liala l'altare et la fistula (5) de Theocrite. Après cela il ache-
vera son livre de Lumine (6) adversus Procuradum et puis
il advisera ce qu'il pourra entreprendre de nouveau (7).

une note de la lettre déjà si souvent citée de ce dernier à Jacques
Dupuy (*Bulletin* de 1881, pp. 534-535).

(1) Liceti avait publié à Padoue, en 1612, un traité : *De his qui
diu vivunt sine alimento libri IV*, etc., traité composé à l'occasion des singulières aventures d'une jeune fille de Florence,
dont les diètes excessives avaient attiré l'attention des médecins ;
il y soutenait qu'il est possible de vivre plusieurs mois sans
prendre aucune nourriture, et il énumérait plusieurs faits à l'appui
de son opinion. Le Portugais Etienne Rodriguez de Castro, professeur à Pise, surnommé le Phénix de la Médecine, combattit
cette opinion dans un traité de *Asitia* (Florence 1680, in-8), auquel Liceti riposta par l'opuscule que mentionne Naudé.

(2) *Pyromarcha, sive de fulminum natura deque febrium origine
libri II* (Padoue, 1634, in-4).

(3) *De hydrologia sive fluxu maris* (Udine, 1655, in-4).

(4) *Encyclopædia ad aram Lemniam Dosiadæ* (1635, in-8).

(5) La *Syrinx* et l'*Autel*, poésies figurées, sont les idylles XXXII
et XXXIII de Théocrite.

(6) *De luminis natura et efficentia libri III* (Udine, 1640, in-4).

(7) Liceti ne s'arrêta pas en si beau chemin et il continua sans
trève ni repos à faire gémir la presse jusqu'à son dernier moment,
ce qui ne l'épuisa pas, car il mourut octogénaire (16 mai 1657).
Voir, dans le tome XVII des *Mémoires* de Niceron, la liste
effrayante des publications de ce polygraphe.

Le père Theologien a composé un livre in-4° petit assez
bien rêvé de origine Danubii et alius fluvii adversus Aris-
totelem et il en a maintenant un sur la presse que Aristote n'a jamais dict : *ex nihilo nihil posse fieri.* (1).

D'autres livres je n'en scay point de nouveaux sinon
Museum et Bibliotheca Pignorii 4° (2) catalogus operum
Campanellæ etc. que Monsieur Gaffarel a faict imprimer (3)
la Vita de Cavalher Marino (4) ; Invicta Impietas seu odium
in Francos extincta pernices et quelques autres desquels
je vous envoiray les copies si M. Gaffarel ne l'a desja faict.
Ceux de l'histoire de Padoue dont je vous envoye le catalogue sont quasi tous acheves d'imprimer. Ma biliogra-
phie aussy commence de rouller (5) soubs presse et quant
elle sera achevée je donneray ordre que vous en aiez des
premiers affin d'en recepvoir vostre jugement ensemble-
ment avec celuy de mon Syntagma (6) et aussy pour

---

(1) Quel est ce *père théologien ?* Je rappellerai, au sujet de la
paternité du *ex nihilo* par lui enlevée à Aristote, que l'on a, de nos
jours, essayé d'enlever au même philosophe la paternité d'un
autre axiome non moins célèbre dans l'école : *Nihil est in intellectu
quod non prius fuerit in sensu.*

(2) Le savant antiquaire Laurent Pignoria, grand ami de Peiresc,
était mort à Padoue le 13 juin 1631. Le sénateur Dominique
Molino, dont nous venons de rencontrer le nom, lui fit élever un
tombeau sous le portique de l'église Saint-Laurent. La notice sur
les riches collections d'objets d'art antiques, de livres, de manuscrits de Pignoria, citée par Naudé, est celle du fécond Tomasini : *Laurentii Pignorii vita, bibliotheca et musæum* (Venise,
1633, in-4).

(3) La petite plaquette de Gaffarel a été oubliée à la fois par la
plupart de ceux qui ont travaillé sur lui, comme par la plupart de
ceux qui ont travaillé sur Campanella. Entre tous les biographes
de Gaffarel coupables de ce péché d'omission, je signalerai Paul
Colomiès (*Gallia orientalis*, La Haye, 1665, p. 154).

(4) *Vita del cavalier Marino* par *Giovanni Francesco Loredano*
(Venise, 1633, in-4).

(5) *Bibliographia politica* (Venise, in-12).

(6) *De studio liberali Syntagma* (Rimini, 1633, in-8). Nouvelle
édition d'un ouvrage publié l'année précédente (Urbin, in-4). Il ne
faut pas confondre ce livre avec le *De studio militari Syntagma*

satisfaire à mon debvoir lequel m'oblige à toutes autres
sortes de services pour vous pouvoir tesmoigner avec combien d'affection je suis

Monsieur,

De Padoue ce 16 juin 1633.

Vostre très humble, très obeissant et très
obligé serviteur.

Gab. Naudé. (1)

III

Monsieur,

Je m'acquitte enfin de la promesse que je vous avois
faicte par ma dernière non pas si bien et dignement que
j'avois désiré pour satisfaire non moins à vostre mérite
qu'à ma singulière affection, mais vous devinerés, s'il vous
plaist, le peu de moyens que j'ay de faire quelque chose
d'important et limé (2) pendant les diverses interruptions
de tant de courses qu'il nous fault faire tous les jours avec
la cappe et l'espée seulement (3) et en effect lorsque nous
serons à Rome, ce que l'on nous faict espérer pour ce
prochain mois d'octobre, j'espère bien de repolir tous ces
parts abortifs (4) que je produis maintenant ne fut ce tout
au plus tard que lors que je les feray imprimer ensemble

(Rome, 1637, in-4) dont il va être question dans les lettres
suivantes.

(1) Bibliothèque nationale, fonds français, vol. 9544, f° 98-100.
Autographe.

(2) L'auteur des *Essais* a dit de son ami Etienne de la Boétie :
« On ne trouvoit pas ses vers assez limez pour estre mis en
lumière ».

(3) A rapprocher du mot de Molière *(Misanthrope)* : « Ce sont
de ces mérites qui *n'ont que la cape et l'épée.* »

(4) Métaphore par trop médicale. Il est vrai que le docteur
Naudé aurait pu répondre à un tel reproche qu'un grand poète
l'avait en quelque sorte par son exemple autorisé à s'exprimer
ainsi, Ronsard ayant comparé certains vers mal venus à des « enfans abortis ».

et principallement les questions de médecine (1) que tous
mes amis m'augurent devoir estre favorablement vénérées
à cause de leur variété quoy qu'ils diroient mieulx, ce me
semble, s'ils adjoustoient à cause de l'auctorité de ceux a
qui je les dedic. Quoy qu'il en soit, je vous supplie très
humblement, monsieur, de récepvoir la presente comme
venant du plus affectionné de vos serviteurs et de celuy
qui defère le plus à vos très rares et singulières vertus,
lesquelles en verité j'estime si grandes et extraordinaires
que je n'eusse jamais eu la hardiesse de lèurs adresser si
peu de chose si l'exemple de Monsieur Favrot (2), qui faict
de semblables en droict (3), ne m'eust un peu donné de
courage et augmenté la confiance que j'avois desja connue
de vostre bienveilliance et humanité pour agréer ce petit
tesmoignage de mon affection lequel Monseigneur le Cardinal, mon maistre, m'a d'aultant plus volontiers permis
de le faire imprimer qu'il a veu que c'estoit pour vous
estre presenté jusques à m'escrire de sa propre main que
vostre personne, monsieur, lui estoit très chère et je ne
doubte point que Monseigneur l'eminentissime cardinal
Barberin ne m'en sache très bon gré pour la mesme
raison et que cela ne mette encore davantage en consideration la recommandation qu'il vous a pleu luy faire de
ma personne, laquelle, Monsieur, je vous suplie très

---

(1) Ces *Questions de médecine* ont été énumérées dans une note
de l'*Avertissement*.

(2) Annibal Fabrot, né à Aix-en-Provence le 15 septembre 1580,
l'année même où vint au monde son ami Peiresc, mourut à Paris
le 16 janvier 1659. Voir sur cet éminent professeur de droit une
notice très bien faite de son concitoyen et confrère feu Ch. Giraud
(de l'Institut), lequel fut à la fois si bon jurisconsulte, si bon critique et si bon bibliophile.

(3) Deux dissertations ou, comme on les appelait alors, exercitations de Fabrot (*De tempore humani partus* et *De numero puer-
pèrii*) parurent à Aix en 1627 et furent plusieurs fois réimprimées.
D'autres exercitations suivirent celles-là et finirent par former un
recueil assez considérable, dédié au chancelier Séguier (*Car.
Annib. Fabroti exercitationes XII...* Paris, 1639, in-4).

humblement de vouloir redoubler et de le prier de m'oc-
troier quelque lecture à la Sapience non de ces deux
premières, mais de celles qu'ont maintenant les professeurs
qui seront nommés à icelles, en quoy je suis asseuré,
Monsieur, que vous seconderés les intentions de l'eminentissime Patron, lequel en a desja escript tant à Monseigneur le Cardinal Barberin qu'à monseigneur de Vaison (1) qui m'en donne assez bonne esperance (2) et je
croy certainement que l'affaire sera infallible, s'il vous
plaist de l'appuyer de vostre recommandation aussy bien
que la mesme a desja faict réussir celle de Monsieur Bouchard, lequel a maintenant la parte in palazzo. Et en
tout cas il me semble que vous pouvés legitimement re-
monstrer à son éminence que depuis tantost quatre ans
que je suis à Rome et que j'ay mis mon espérance en sa
bienveilliance et liberalité je n'ay point cessé de travaillier
le plus qu'il m'a esté possible sans toutes fois avoir encore
obtenu aulcune chose jusques à ceste heure qui me puisse
soulagier des grands frais qu'il m'a fallu faire pour m'entretenir hors de mon païs et que s'il ne luy plaist de me
gratifier de quelque chose, il est quasi come impossible
que je puisse plus resister à demeurer à Rome et au service de nostre cardinal honorablement (3). Mais vous
scavez trop mieux (4) que moy, monsieur, ce qu'il sera à

(1) Nous avons déjà vu que l'évêque de Vaison était Joseph-
Marie Suarès. C'est le cas de rappeler que ce prélat paya un double
tribut d'hommages funèbres à Naudé. Voir dans *V. Cl. Gabrielis
Naudæi Tumulus... Cura et labore R. P. Lud. Jacob Cabilonensis
collectus* (Paris, 1659, in-4) : *Lettre de Monseigneur Suarès, Evesque
de Vaison, au R. P. Louis Jacob de St Charles, religieux Carme,
conseiller et aumosnier du Roy* (p. 49) et : *Josephi Mariæ Suaresii,
Ep. Vasonensis, Epicedium* (p. 51).

(2) C'était encore là de l'eau bénite de cour. Naudé n'occupa
jamais la moindre chaire à l'université de la *Sapienza*.

(3) Ai-je besoin de faire remarquer tout l'intérèt de ce récit
autobiographique ?

(4) C'est-à-dire beaucoup mieux. Littré n'a cité de cette expression qu'un emploi relativement très moderne ; l'emploi qu'en

propos de lui escrire en ceste occasion. C'est pourquoy je
n'adviseray autre chose ensuite d'icelle sinon la prière
très humble que je vous fais d'excuser ma liberté ou
plus tost la hardiesse que je prens de vous importuner de
ce dont je scay néantmoins que vous estes très libre et de
quoy pareillement j'ay très grand besoin. Pour les exemplaires de la question, je ne vous en envoye maintenant
que deux pour ne faire le pacquet de la poste trop gros.
Mais j'en consigneray huict autres copies a Monsieur
Gaffarel pour vous les faire tenir petit à petit ou toute à
une fois comme il jugera plus expedient, et cependant j'en
envoiray aussy bon nombre a Rome et à Paris afin de
donner à congnoistre à un chascun que si bien je suis le
moindre en pouvoir de vos serviteurs, je ne seray pas
néantmoins le dernier à vous rendre les tesmoignages que
je vous doibs de mon affection.

Maintenant pour repondre à celles qu'il vous a pleu de
m'escrire du 6e May, je vous diray qu'il n'est point de
besoing que vous preniés la peine de m'envoyer les questions de Monsieur Favrot d'aultant qu'ayant eu sa
troisiesme à Venise de M. Gaffarel et sa quatriesme de
Monsieur Suarès, il ne m'en manque maintenant aucune
ayant eu il y a long temps ses deux premières imprimées
in 8° dans le Caranza *de partu* (1). Mais si davanture
vous aviés commodité de me faire tenir les œuvres de
Merindol desquelles vous m'aviés autresfois donné quelque
espérance, je vous en demeurerois extremement obligé.
Le sieur Scipio Claromonte (2) qui envoya il y a tantost

a fait, au siècle dernier, l'auteur de *Vert-Vert*, qui ne reculait pas
plus devant l'archaïsme que son héros, une fois corrompu, ne reculait devant un juron :

       Trop mieux aimant suivre quelque dragon.

(1) Les deux premières exercitations furent réimprimées à la
suite du traité d'Alphonse de Carranza : *De partu naturali et legi-
timo* (Genève, 1629, in-4).

- (2) Sur Scipion Chiaramonti, en latin *Claramontius*, voir une
note dans le *Bulletin du Bibliophile* de décembre 1881 (p. 536).

un an ses recommendations à Monsieur Gassendi, me demande souvent ce qu'il faict de nouveau à quoy je ne luy puis respondre pour ne recepvoir aulcune de ses lettres. Vous m'obligerés. s'il vous plaist, monsieur, de luy presenter mes baise mains et luy dire que le dit sieur Chiaromonte a quitté tout à fait sa lecture de Pise et s'est retiré en sa maison à Cesène (1) où il veult ne plus faire aultre chose que de voir qu'il a fait et faire imprimer toutes ses compositions qui sont en grand nombre (2). Vous luy pourez dire aussy que le sieur Andreas Argoli, mathematicien de ceste académie (3), faict imprimer le livre duquel je vous envoie le frontispice, lequel sera divisé en 36 feuillées qui sont quasi tantost faictes et apres celui la il desire mettre soubs la presse ses ephémérides pour jusques à l'année 1660 et son commentaire sur Ptolemée faisant encore maintenant imprimer son livre de Diebus criticis à Venise. Je ne sache point qu'à Ravenne il se treuve aulcun vase de ceux que vous demandés, un mesme de ces calices à doubles anses ou aureillions, et encore bien que j'en aye veu un tres vieux et de grandeur extraordinaire au Thrésor de Venise et que Monseigneur le Cardinal m'ait parlé de beaucoup qui sont en Flandre et en France, je nay point toutes fois veu où oüy dire qu'ils eussent de ces anses et pour ce qui est des antiquités prophanes et ecclesiastiques de la ville de Ravenne le

(1) Chiaramonti était né à Cesène en 1565. On voit qu'il avait atteint l'âge de la retraite, car il touchait à sa soixante-dixième année. Il devait vivre encore dix-huit ans et une des lettres suivantes nous le montrera remontant encore dans une chaire, semblable à ces vieux généraux qui, au premier appel, remontent à cheval.

(2) Oui, en très grand nombre, comme on peut s'en assurer en lisant l'article qui lui est consacré dans le tome XXX des *Mémoires* de Niceron.

(3) Ce mathématicien, né à Tagliacozzo dans le royaume de Naples, a une abondante notice biographique et bibliographique dans les *Scrittori d'Italia* de Mazzuchelli, t. I, p. 1045.

Rubeus (1) et plusieurs autres semblent n'en avoir oublié
aucunnes. Quant au livre d'Aristarchus (2) duquel vous
m'aviés desja escrit deux aultres fois, je l'ay cherché par
toutes les boutiques de Padoue en vain; lorsque je re-
passeray par Venise je verray s'il sera possible de l'y
treuver et le donneray à Monsieur Gaffarel ou en tout cas
au pis aller je vous l'envoiray de Rome, où j'estime debvoir
retourner ce mois d'Octobre tout au plus tard. Monsieur
Moreau, auquel j'avoys escrit pour luy faire entreprendre
le Traitté de Acia, m'escrit de ne le pouvoir faire jusques
à ce que Monsieur Saulmaise ait publié le traitté qu'il en
a promis (3). Mais j'ay cependant persuadé a un de
mes amis estant en ceste ville et nommé le sieur
Rhodius d'en dire son opinion, comme il a faict avec
une grandissime erudition et jugement suivant que vous
poures juger par la lecture de son livre qui s'imprimera
bientost et après lequel je ne voy pas qu'il reste grand
chose à dire (4). Le père Thomasini faict imprimer son
Petrarque (5), le seigneur Liceti un œuvre de Libris pro-
piciis, il signor Leone celuy de Psellis (6) et Villani tre
discorsi della poesia giocosa (7), il Guidiccione l'Eneide in

(1) Jérôme Rossi (*Rubeus* ou *de Rubeis*), né en 1539, à Ravenne,
mourut le 22 avril 1607 dans cette ville; il en a laissé d'excellentes
annales: *Historiarum Ravennatum libri X* (Venise, Alde, 1572,
in-fol.).

(2) Le livre de l'astronome Aristarque de Samos sur *les gran-
deürs et les distances*, traduit en latin pour la première fois par
G. Valla (Venise, 1498, in-fol.).

(3) Voir sur la question tant débattue de l'*Ascia* une lettre de
Claude de Saumaise (fascicule V des *Correspondants de Peiresc*,
p. 58-59).

(4) C'est Jean Rhode, dont il est question dans la lettre suivante.

(5) Le *Petrarcha redivivus* déjà mentionné dans la lettre précédente et qui devait paraître en 1635.

(6) *De psellis et eorum scriptis* (Rome, 1634, in-8).

(7) Nicolas Villani, né à Pistoie, mourut à Venise, non en 1640,
comme le répètent à l'envi les biographes, mais bien en 1636,
comme nous l'apprend la lettre de G. Naudé à J. Dupuy, du 17 novembre 1636 (*Bulletin*, 1881, p. 536-537). L'ouvrage annoncé par
Naudé est celui qui, sous un titre quelque peu différent, parut

stilo burlesco (1); il Castello medico opus quoddam valde
magnum de Vomitoriis, il Zacchia la Sesta parte questio-
num Medico-Legalium et Parisano une responce à Monsieur Riolan (2) et alii alia (3). Les Mussati et autres historiens
de Padoue ne sont pas encore achevés. Certain Francesco
Sacri Romano faict aussy imprimer son Poeme en langue
latine intitulé Hippica nella quale inculca il modo di ca-
valcare. Le Rotulus Ptolemeus est en chemin de Hollande;
on le veult imprimer grec et latin, licet ingenii furor
instat, et chascun tasche à ne pas demeurer des derniers.
Ne me treuvant plus proche de moy les inscriptions que
je vous envoye par mes dernières, je ne puis aussy que
vous respondre de la difficulté que vous treuvez en icelle
pour la parolle Cyprafrica, et pour celle du Pont de Rimini je vous asseure de faire les diligences que vous
desirés au premier voiage que je feray en la dicte ville
quoy qu'il me semble qu'elles ne puissent rien conserver
directement à cause de la diversité des caractères desquels
on s'est servi en tout temps. Sed tua est Palestra et eritis
in facto credendum etiam contra exemplorum fidem. Si
Monsieur Gaffarel n'avoit desja commencé de vous servir
en ces quartiers, je tascheray de faire un peu de recherche
touchant vos curiosités, mais pour ne sembler de luy

en 1634 (Venise, in-4) et que Tiraboschi qualifie d'estimable :
Ragionamento... sopra la poesia de' Greci, de' Latini e de' Toscani.

(1) Les biographes de Scarron ont-ils connu ce devancier de
l'auteur du *Virgile travesti* ? Il s'agit de Lelio Guidiccioni, poète
lucquois, dont Tiraboschi parle dans la *Storia della lett. ital.*, éd.
de Milan, t. VIII, p. 679.

(2) Jean Riolan, premier médecin de Marie de Médicis, mourut
à Paris le 19 février 1657. C'était un ami de Naudé, comme
le témoigne une lettre du recueil d'Antoine de la Poterie (1667),
du 1er janvier 1631 (p. 169) portant cette adresse : *Clarissimo viro
D. Joanni Riolano filio, doctori medico parisiensi et anatomes ac
pharmaciæ regio professori, Lutetiam.*

(3) La chronique d'Albertin Mussato (né à Padoue en 1261, mort
en 1329) fut publiée, accompagnée de ses autres ouvrages, à Venise (1636, in-fol.) avec des notes de Laurent Pignoria, de Nicolas
Villani, etc.

vouloir envier ceste bonne fortune, je me reserveray pour
Rome où je ne seray pas si tost de retour que je songeray
à commencer quelque ballot pour vous, ce qu'à dire vray
il me semble pouvoir faire plus facilement là que non pas
icy où en six mois à peine se voit un livre nouveau.
D'aultant que je tiens mon retour en la dite ville asseuré
pour dans trois moys. Je vous prie, monsieur, de songer
de bonne heure à quoy je vous y pourray estre utile
principalement en l'absence de monseigneur de Vaison et
de m'honorer ensuite de vos commandements lesquels
j'executeray avec toute la fidelité et diligence possible à
celuy qui n'estime rien à l'esgal de pouvoir declarer par
les effects que je suis veritablement,

  Monsieur,

De Padoue ce 20 Juillet 1634.

    Vostre tres humble tres obéissant et tres
      obligé serviteur,

        Gab. NAUDÉ (1).

IV

Monsieur, J'ay esté bien aise d'apprendre par celle dont
il vous a pleu m'honorer du 3 de Novembre que vous
ayiés receu touts les petits pacquets que je vous avois envoyé. J'ay donné ordre à un de mes amis à Rome qu'il
vous envoyast trois livres du R. P. Thomasin de Padoüe,
scavoir la vie de Petrarque dediée à son Eminence, celle
de Tite-Live et de Pignoria (2). Quand il me viendra quel-

(1) Bibliothèque nationale, fonds français, vol. 9544, f⁰ 103.
Autographe.

(2) Ces trois ouvrages ont été mentionnés soit dans le texte,
soit dans les notes des lettres précédentes. Le recueil de 1667 déjà
cité renferme une lettre (1636) qui est ainsi adressée (p. 364) à ce
Révérend Père : *Clarissimo et eruditissimo viro domino Jacobo
Philippo Thomasino, canonico Sanctæ Mariæ, Patavium.*

que autre nouveauté par les mains, je ne manqueray à ce qui sera de mon debvoir, et à reconnoistre par ces petits services, puisque je ne le puis pas par d'autres, les infinies obligations que je vous ay ; et lorsque je seray à Rome, ce que l'on dit debvoir estre incontinent après Noël, je verray curieusement si quelque autre chose se pourra rencontrer qui soit digne de vous estre envoyée, ce dont je doute fort à cause du peu de Livres nouveaux qui s'y impriment, et maintenant je ne scay que le dernier des *Quæstiones Medico-Legales* de Zacchias (1), et les conseils de Baguarda qui ne sont point encore imprimés. On y attend bientost de Naples un opuscule de Castellus contre Cortesius (tous deux Medecins de Messine) lequel est intitulé *Lupus aureus, seu an prima coctio quæ fit in ventriculo similis sit ei quæ fit in lebete.*

De Padoüe et Venise je crois qu'il n'y a guere de nouveautés que celles du Liceti, lequel se rompit, l'autre jour, un bras, en allant à cheval, de quoy j'estime qu'il soit maintenant gueri (2). L'Argoli traite avec un libraire pour imprimer la suite de ses Ephemerides jusques à l'an soixante, comme je croy (3). Le P. Thomasin va mettre soubs la presse les Epistres Latines et la Vie de Cassandra Fidelis, gentilhomme de Padoüe (4), de laquelle, Monsieur, si vous scaviés quelque chose vous obligeriés bien fort le dit

(1) Dans le recueil que je viens de citer, je vois (p. 358) une lettre du 23 décembre 1635 à ce Zachias : *Paulo Zachiæ, medico celeberrimo, Romam.*

(2) Connaissait-on en Italie cette chute de Fortunio Liceti ? J'aime à penser que le bras rompu d'un auteur aussi fécond ne fut pas le bras droit.

(3) V. la lettre précédente.

(4) *Sic.* Naudé avait dû écrire *gentilfemme*, car il s'agit bel et bien d'une femme savante qui mourut plus que centenaire, dit-on, vers 1567. Voir une note du *Bulletin du Bibliophile* de 1881, p. 536. Voici le titre du livre de Tomasini : *Cassandræ Fidelis epistolæ et orationes posthumæ* (Padoue, 1636, in-12). Dans le *Dictionnaire de Moréri* on traduit ainsi ce titre : *Les lettres et les discours de Cassandre Fidèle, illustre Vénitienne, avec sa vie et ses notes* (1636, in-12).

pere de m'en donner advis. Il faira aussi imprimer en mesme temps la vie de ce fameux Jurisconsulte Peregrinus Consultant de la Republique (1), laquelle il veut dedier à M. d'Expilly (2), avec lequel il entretient bonne correspondance. On m'escript encore pour grande nouveauté de cette Académie que le Silvaticus y a tout fraischement traité en Pologne de la *Plica Polonica*. Le sieur Rhodio (3) m'ayant envoyé une copie Mte du Discours de Figueroa Medecin Espagnol (4), sur l'*Acia* de Corneille Celse, si d'avanture, Monsieur, vous ne l'avés point encore veu, et que vous l'ayiés agreable, je vous en fairay faire une copie au plustot.

Maintenant pour responce à la vostre, je vous suis bien obligé du favorable jugement que vous faictes de ce petit different qui s'est passé entre le R. P. Campanella et moy, et puis, Monsieur, que vous demeurés satisfait de mes raisons, je n'en pretens plus autre chose. Ce bon Pere est homme et moy aussi. Nous pouvons tous deux avoir reciproquement manqué en quelque chose, et comme, de mon costé, je ne luy scay aucun mauvais gré de ce qu'il a dit de moy, quoy qu'à tort, aussi vous prié-je si d'avanture vous avés le bien de le voir à Paris, de le vouloir asseurer que si je n'ay satisfait à ce qu'il desiroit de moy, ce n'a

(1) *Vita Marci Antonii Peregrini* (Padoue, 1636, in-4).

(2) Claude d'Expilly, président au parlement de Grenoble, né à Voiron le 21 décembre 1561, mourut à Grenoble le 25 juillet 1636. Ce fut un philologue, un historien, un poète, mais médiocre en tout, un de ces hommes qui se prodiguent sans aboutir à rien.

(3) Jean Rhode était un savant médecin danois qui habita longtemps la ville de Padoue et auquel on a attribué les *Eloges des hommes illustres* publiés par J.-Ph. Tomasini. On a deux lettres de Naudé (Recueil de 1667, p. 395 et p. 501) écrites en 1636 et 1638 : *Viro clarissimo domino Johanni Rhodio, philosopho et medico eruditissimo, Patavium.*

(4) Ticknor (*Histoire de la littérature espagnole*) s'occupe de plusieurs auteurs du nom de Figueroa, notamment des poètes Suarez de Figueroa et Francisco de Figueroa, surnommé *el divino* (on sait que dans leurs glorifications les Espagnols n'y vont pas de main morte), mais il ne dit rien du médecin en question.

esté que par une pure impossibilité de laquelle vous scavés tres bien les causes, et que s'il me veut envoyer les memoires de sa Vie depuis où nous en demeurasmes à Rome, je ne manqueray à son temps de les digerer suivant que je luy ay promis, (1) comme aussy j'ay bonne intention de faire imprimer le Panegirique et son livre *de libris propriis* (2), quand j'en pourray trouver l'occasion plus à propos qu'elle n'est maintenant. Quant au reste de ce dont il me chargeoit, je vous supplie, Monsieur, de le vouloir passer legerement, parce que je vous asseure de nouveau qu'il ne l'a point fait par malice et mauvaise volonté, mais par pure simplicité et inadvertance, à laquelle je scay tres bien combien il est fort subject (3).

Pour l'Eclypse, je me doubtois bien que peu de ses observations se trouveroient valables quand elles comparoistroient devant vous et M. Gassendi, qui examinés toutes choses avec tant de diligence ; mais il estoit quasi impossible d'esperer autre chose de ces Messieurs les Italiens. Peut-estre aurés-vous plus de satisfaction de celle du sieur Camillo Glorioso (4), puisque luy mesme a intention de

(1) Ces indications, et quelques autres que nous trouverons plus loin, permettraient d'écrire un petit chapitre d'histoire littéraire intitulé : *Naudé collaborateur de Campanella.* Un autre érudit français, Jacques Gaffarel, rendit aussi de grands services au moine calabrais, revoyant et même éditant ses ouvrages, par exemple celui-ci : *Medicinalium juxta propria principia libri VII* (Lyon, Jean Pillehotte, 1635, in-4).

(2) *De libris propriis et recta ratione studendi Syntagma ad Gabr. Naudæum* (Paris, 1642, in-8). Voir sur les réimpressions de cet ouvrage en 1645 (Amsterdam) et en 1696 (Leyde), le *Manuel du Libraire* (t. I, col. 1521). M. B. Aubé (*Nouvelle Biographie générale*) cite une édition de Paris (1689, in-8).

(3) Naudé, on le remarquera, excuse ici de son mieux celui qu'un peu plus loin, et poussé à bout, il va si énergiquement accuser. Rappelons que, quelques années auparavant, le 21 avril 1632, Naudé, écrivant à Campanella (Recueil de 1667, p. 254), employant toutes les pompes du superlatif, lui donnait ce titre magnifique : *Admodum Reverendo Patri, fratri Thomæ Campanellæ, philosophorum ac eruditorum principi.*

(4) Jean-Camille Glorioso, né à Naples en 1572, mourut dans

la faire imprimer quelque jour dans le troisiesme volume de ses *Decades Miscellaneæ* (1). Je l'envoyay, il y a déjà quelque temps, à M. le Chevalier del Pozzo (2) pour vous estre envoyée, et il m'a asseuré de l'avoir fait. Son Eminence vous en aura encore envoyé un'autre faite à Ancone de certain Moine qui se promet beaucoup. Celle de l'Argoli n'a point encore esté envoyée au sieur Allatio, et son opinion est que le dit Argoli ne l'aura voulu faire à cause de quelques difficultés qu'il a trouvée sur icelle en ses Ephemerides. Quant aux autres de Rome, j'ay escript au dit sieur Leone qu'il fist le possible pour en avoir quelque plus grand esclaircissement.

Le sieur Pietro de la Seine, Neapolitain (3), a fait l'Advocat dans la ville de Naples jusques à present qu'il est venu à Rome pour se mettre *in sacris* avec quelque esperance d'un Evesché *in Regno* (4). Il est homme d'excellente

---

la même ville le 8 janvier 1643. Voir sur cet astronome une lettre de J.-J. Bouchard, du 16 juillet 1633 (fascicule III des *Correspondants de Peiresc*, p. 175).

(1) C'est l'ouvrage que Bouchard mentionne (à la page ci-dessus indiquée) sous ce titre : *Joannis Camilli Gloriosi exercitationum mathematicarum decas prima.*

(2) Sur Cassiano del Pozzo, un des meilleurs archéologues du xviiᵉ siècle et un des meilleurs amis de Peiresc, voir les *Lettres de J.-J. Bouchard* (pp. 13, 43). On trouvera sur ce personnage diverses indications dans une toute récente et bien intéressante monographie : *Le château de Fontainebleau au xviiᵉ siècle d'après des documents inédits par* EUGÈNE MÜNTZ *et* EMILE MOLINIER (Paris, 1886). Les deux excellents érudits décrivent le château de Fontainebleau en 1625 d'après le *Diarium* inédit du commandeur Cassiano del Pozzo ; ils citent sur l'illustre compagnon de voyage du légat F. Barberini les *Amateurs célèbres* de Dumesnil, le volume spécial de M. Lumbroso (Turin, 1875), l'opuscule spécial aussi de M. Carutti (Rome, 1876).

(3) Voir sur Pierre La Sena, né à Naples en 1590 d'une famille française, une lettre de J.-J. Bouchard, du 4 avril 1636 (fascicule III, p. 51).

(4) Il n'eut pas le temps d'obtenir son évêché, étant mort d'une fièvre bilieuse, le 3 septembre 1636, peu de temps après son installation à Rome.

nature (1) pour sa modestie et sa facilité, assés semblable d'humeur et de complexion à M. Gassendi. Son talent est *nelle belle lettere,* esquelles il a fait imprimer à Lyon, il y a désjà quelques années, son *Nepenthes Homericum seu de Luctu minuendo* (2). Auparavant il avoit fait imprimer à Naples un petit in octavo en Italien intitulé *Il Vergeto* qui contient des *Miscellanea et critica* assés agréable (3). Maintenant il travaille sur le *Gymnasio Neapolitano antiquo* (4) et sur ce dernier traité *de iis qui in aquis nutriuntur* (5), où je croy qu'il explique particulierement l'opinion de Synesius. Si j'avois plus de loisir, je vous envoyerois la liste des chapitres, suivant qu'il luy a pleu de m'en favoriser.

J'ay escript au sieur Leone Allatio sur ce qu'il vous a pleu me promettre touchant son livre de Georgii Acropolitæ (6). J'estime que cela luy donnera grand courage de travailler et de mettre le livre en estat de vous estre bientost envoyé. Il m'escrivit, l'autre jour, qu'il avoit de nou-

---

(1) Dans le passage qui vient d'être indiqué, Bouchard l'appelle lui aussi « un excellent homme ». Je n'ai pas manqué de rappeler, à cette occasion, que Bouchard développa plus tard ces trois mots d'éloge en seize grandes pages : *Petri La Senæ Vita, a Joanne Jacobo Buccardo conscripta* (Rome, 1637, in-12). Naudé vante la modestie de La Sena. Comment accorder cette modestie avec les vantardises de l'auteur ainsi étalées dans le sous-titre de son livre : *Opus doctrina et eruditione refertum ?*

(2) *Homeri Nepenthes, seu de abolendo luctu liber* (Lyon, 1624, in-8). Sur la mauvaise lecture *Lustro* pour *Luctu* voir une observation de Naudé dans une des lettres suivantes.

(3) Les *Vergati* (bigarrures, mélanges philologiques) parurent à Naples (1616, in-8).

(4) *Dell' antico Ginnasio napoletano* (Rome, 1641, in-4), ouvrage réimprimé par les soins de Joseph Valletta (Naples, 1688, in-4).

(5) *Cleombrotus, sive de iis qui in aquis pereunt philologica dissertatio* (Rome, 1637). La *Biographie universelle* rappelle que Luc Holstenius (*Epistolæ ad diversos,* Paris, 1817, p. 499) déclare que cet ouvrage est rempli d'une très profonde érudition, *reconditissimæ eruditionis.*

(6) *Georgii Acropolitæ historia Byzantina ab anno 1209,* etc. (Paris, imprimerie royale, 1651, in-fol,).

veau trouvé un Ms. du *Compendium* publié par Douza (1),
au moyen duquel il pouvoit facilement corriger toutes
les fautes de cette premiere édition, et que par ainsi l'on
auroit l'histoire entiere et ce *Compendium* sans aucune
lacune, puisqu'il avoit dessein d'en faire imprimer le texte
Grec seulement derriere l'histoire grecque et latine. Je
croy aussi qu'il y adjouste une diatribe *De Georgiis* en la
quelle il m'escript de reussir avec tres grande satisfaction (2).
Je luy ay tesmoigné vostre desir touchant ces Auteurs
de Ponderibus et Mensuris, et je ne doubte nullement
qu'il vous servira suivant qu'il luy sera possible, et de
bonne volonté je scay asseurement qu'il n'en manquera
point et qu'il faira peut estre plus que vous ne croyés.
Mais, Monsieur, il est temps de vous dire qu'il y a je ne
scay quelles petites difficultés (3) entre luy et Monsieur
Holstenius (4), lequel ne souffre pas volontiers que le dit
sieur Leone entreprenne tous les jours de publier tant
d'Auteurs, et particulierement quelques petits Geographes.
C'est pour quoy je vous prie ensuite, et à celle fin que vous

(1) On sait que Théodore Douza, qui avait découvert en Orient
le manuscrit de la chronique de Georges Acropolite, le publia
(1614) avec de doctes commentaires.

(2) Dans le volume de la Byzantine qui vient d'être mentionné
on trouve la notice sur les écrivains qui ont porté le nom de
Georges : *Accessit ejusdem Allatii diatriba de Georgiorum scriptis.*
Niceron (*Mémoires*, t. VIII, p. 106) nous rappelle que cette disser-
tation, « qui contient des choses curieuses, a été insérée dans le
X° volume de la Bibliothèque grecque de Fabricius ».

(3) Je rétablis ainsi un mot évidemment corrompu ; la copie
donne l'impossible leçon *simulté.* L'indéchiffrable écriture de
Naudé excuse, si elle ne justifie pas, les fautes de lecture de celui
qui jadis transcrivit les lettres à Peiresc.

(4) Sur Luc Holstenius voir les fascicules III et V des *Corres-*
pondants de Peiresc. Notons que dans les lettres de cet humaniste
publiées par Boissonade, le nom de Naudé est souvent mentionné,
notamment (p. 340) en ces termes : *Naudæo mei amantissimo.* Je
dois ajouter que plusieurs autres personnages italiens cités dans
les présentes lettres, figurent aussi dans le recueil si bien soigné
par Boissonade, par exemple, Aléandre, Allatius, les cardinaux
Bagni et F. Barberini, Bonaire, Bouchard, Gassendi, La Sena, del

puissiés estre mieux servi, de n'en rien escripre du tout de
l'un à l'aultre, pour n'augmenter davantage, non la jalousie du sieur Leone, mais celle que pourroit concevoir
d'abondant le sᵣ Holstenius, et estre en quelque façon
prejudiciable au dit sᵣ Allatio, lequel vous peut rendre de
grandissimes services à cause de la charge qu'il a de la Vaticane, et j'espere bien qu'il vous en donnera un essay en
ceste liste *De Ponderibus,* laquelle soudain qu'il aura faite,
je fairay qu'il vous l'envoyera luy mesme, et qu'il prendra
occasion de noüer une tres bonne correspondance avec
vous. Il Molino, duquel vous aurés sceu la mort, estoit un
de ses principaux fauteurs (1). Maintenant qu'il a perdu
celuy la, il ne peut à qui mieux s'appuyer, et j'espere bien
qu'avec le temps vous ne le jugerés pas indigne de vostre
tres particuliere protection. Mᵣˢ Diodati et Grotius (2)

Pozzo, etc. — Il ne sera pas inutile de dire sous quels auspices
Naudé fit la connaissance d'Holstenius. C'est P. Dupuy qui le re-
commanda à l'illustre bibliothécaire du cardinal Barberini, comme
on le voit dans une lettre inédite conservée à la Bibliothèque Barberini (XLIII, 176, n° 59), et que sa brièveté nous autorise à
citer ici :

A Monsieur Monsieur Holstenius.

Monsieur, Je vous ai beaucoup d'obligation du souvenir de
nostre amitié que vous conservez. Je l'ai recogneu par les lettres
que M. de Thou a receu de vostre part. Pour moi, j'ai tousiours
tant estimé vostre erudition et vostre vertu que j'en aurai une
memoire perpetuele. M. Naudé vous rendra celle-cy. Il est de la
famille de monseigneur le card. Bagny et de mes amis et homme
de mérite, et sçaura bien se prevaloir de vos bons conseils que je
vous prie lui vouloir despartir comme a un homme qui vous honore. Vous m'obligerez fort de l'aimer. Sur ce, je prie Dieu qu'il
vous conserve, estant, Monsieur,

Vostre tres humble et aff. serviteur,

DUPUY.

De Paris, ce 15 janvier 1631.

(1) Dominique de Molino déjà mentionné plus haut. Rappelons
que Naudé, dans sa lettre du 17 novembre 1636 à J. Dupuy (*Bulletin* de 1881, p. 537) assure que ce sénateur fit imprimer à Leyde
deux satires de Nicolas Villani contre la cour de Rome.

(2) Sur le Gènevois Elie Diodati et sur le Hollandais Hugues
Grotius, voir le fascicule V des *Correspondants de Peiresc* (p. 122

travaillent maintenant à faire imprimer son premier volume de *Miscellanea*. Il seroit à souhaiter que ce livre peust ouvrir la porte à neuf autres semblables, aux quels il pretend de faire imprimer plus de soixante Auteurs grecs anciens, et non auparavant publiés, qui est, ce me semble, la plus belle chose que l'on puisse maintenant souhaiter, et qui doit convier un chacun de luy prester l'epaule en un si honorable dessein. Pour la Dedicatoire de l'Acropolita je scay que son intention est de ne rien alterer au dessein qu'il en a pris, et je vous supplie, Monsieur, de ne l'y point vouloir obliger.

Finalement pour le bois petrifié ou plustost fossil, puis qu'en mon petit voyage fait tout exprès je n'ay veu que celuy là, je suis plus incertain qu'auparavant de ce que l'on en doibt croire, d'autant que d'un costé l'authorité du Duc Cesis qui estoit si versé en ces matieres, et qui a fait tant de diligence pour s'en informer, joint à la nature de la terre, laquelle semble en quelques endroits se changer en bois, fait que l'on peut croire que ce bois soit vrayement fossil et naturel en ce lieu : mais d'ailleurs quand on considere la figure d'iceluy semblable aux arbres, troncs, busches et autres pieces de bois ordinaires parmi nous, et que l'on trouve en icelles des nœuds, des branches, des racines, des œuils et autres parties ordinaires aux arbres, que l'une de ces pièces estoit enterrée de çà et l'autre de là en confusion, et *alla peggio* qu'elles sont mesme siées et taillées en divers endroits que la pluspart sont pourries avec l'escorce, et ayant tous les autres accidens de nostre bois ordinaire, on ne peut quasi conclure autre chose sinon que c'est plustost l'effet de quelqu'un de ces changemens

et p. 36). Un fascicule spécial va prochainement être consacré à Diodati, le fidèle ami de Galilée; je puis en signaler dès aujourd'hui le vif intérêt et la haute importance, car M. Favaro, l'éminent professeur à l'université de Padoue, doit l'enrichir de précieux documents inédits qui feront mieux connaître à la fois Galilée et Diodati, l'astre éclatant et son obscur satellite.

qui arrivent en la nature suivant l'opinion d'Aristote, et comme je croy la veri é, puis que l'on voit en beaucoup d'autres exemples que *Hic modo Pontus erat, hic modo terra fuit* et que *quondam inventa est in Montibus anchora summis.* Au moins ne peut-on nier que encore bien que la nature de ce lieu eust la propriété de produire ce bois fossile, il n'y ait toutes fois eu quelque forest renversée, et peut estre pourroit on encore dire que c'estce bois qui passe en terre, si non la terre en bois. Mais pour bien esclaircir cette matière, il en faudroit bien faire un plus grand raisonnement, ce que ne pouvant pour le present à cause de la haste en laquelle je vous escrips, et aussi du peu de loisir que me donne mon *Syntagma*, lequel je veux finir avec cette année, je vous prie donc, Monsieur, de m'excuser, et puis Mr de la Ferriere (1) y ayant esté peu auparavant moy, je croy aussi qu'il n'aura manqué de vous informer de tout ce que l'on en peut dire, et en juger beaucoup mieux que je ne pourrois faire, joint que j'ay intention d'y faire encore un autre voyage l'anné qui vient pour decider, si faire se peut, cette question (2).

Il y a eu fort longtemps que je n'ay en lettres de mon bon ami M. Gaffarel, et que je ne sçay comme luy envoyer des miennes, faute de scavoir où il se veut arrester, s'il est encore chés vous ou autre part. Obligés moy, Monsieur de luy presenter mes baise mains et à M. Gassendy. Je suis honteux de vous escripre si à la haste et si mal, mais c'est mon péché originel que je vous prie me vouloir par-

(1) Jacques de La Ferrière était un savant médecin né dans l'Agenais; il fut un des correspondants de Peiresc; il fut aussi un de ses hôtes, comme l'atteste Gassendi sous l'année 1637 (p. 476). La Ferrière était attaché, comme médecin, à la personne du cardinal Alphonse de Richelieu, archevêque de Lyon.

(2) Dans la même page où Gassendi nous apprend que La Ferrière, à son retour de Rome, reçut l'hospitalité de Peiresc, il dit quelques mots de cette question de prétendus bois fossiles qui reparaît souvent dans la correspondance de mon héros.

donner (1), et me conserver tousjours en vos bonnes grâces puisqu'en effet je suis Monsieur, vostre, etc.

GABRIEL NAUDÉ.

De Rieti ce 30 Novembre 1635. (2)

V

Monsieur,

Je n'ay point eu commodité de vous donner plus tost advis de mon arrivée à Rome encore bien qu'il y ait tantost un mois que nous y sommes et que nous n'ayons qu'encore aultant de temps à y demeurer à cause que monsieur le Cardinal veult estre à son evesché pour la sepmaine saincte (3). Si tost que j'ay esté arrivé, j'ay mis es mains de monsieur de Bonnaire un Petrarque, un Tite Liue et un Pignoria del Padre Thomassin (4) pour vous estre envoiés à la première commodité. Maintenant le Mascardi (5) a publié un petit livre qui est l'index des ma-

(1) Naudé s'excuse trop spirituellement d'écrire d'une façon si peu lisible, pour que, malgré la fatigue particulière imposée à mes yeux par ses hiéroglyphes, je ne lui pardonne pas le *péché originel* qui désespérait Peiresc. Voir ses plaintes à ce sujet dans le *Bulletin* de décembre 1881 (p. 532, note 4).

(2) Bibliothèque Méjanes, collection Peiresc, t. VIII, fº 6. Copie.

(3) Nous avons vu que le cardinal Bagni fut d'abord évêque de Cervio et qu'il devint ensuite évêque de Rieti.

(4) C'est Jacques-Philippe Tomasini déjà plusieurs fois mentionné, alors abbé, plus tard évêque.

(5) Sur Augustin Mascardi, né à Sarzana en 1591, mort dans la même ville en 1640, voir une note du *Bulletin du Bibliophile* de décembre 1881 (p. 531). Conférez les *Lettres de J.-J. Bouchard* (pp. VI, 42).

tières traictées en sa Methode d'escrire l'histoire laquelle
est soubs la presse (1). Mais d'aultant que M. Bouchard
s'est chargé de vous l'envoier, je hesiterois de ce faire
comme aussy du livre de la musique de M. Dony (2) d'aultant
qu'il me dist vous en avoir desja envoyé. Aultre chose de
nouveau je ne le sache point à present sinon un petit
livret de certaines anagrammes de certain Geminus lequel
n'est poinct encore en vente et veu que je n'ay maintenant
rien pour grossir mon pacquet, j'y ay adjousté le contenu
de mon Syntagma de studio militari (3) lequel je vous
supplie, monsieur, vouloir prendre la peine de parcourir
et si vous le treuvez a propos de me vouloir tant obliger
que d'en escrire vostre jugement en trois mots à son
Eminence, afin qu'estant desja assez bien disposé pour le
faire imprimer, cela lui donne encore d'avantage de vo-
lenté de le faire. Je n'estime pas que le livre puisse estre
moins que de cinquante ou soixante feuilles in quarto,
lesquelles, s'il me falloit faire imprimer à mes dépens, me
tourneroient à trop grand prejudice. Le stile est semblable
à celuy de Studio Liberali sans chapitre et autres divisions
que en deux livres esquelles son Eminence m'a desja
advoué que j'avois mieux rencontré qu'elle ne s'estoit

---

(1) *Dell' arte historica trattati V* (Rome, 1636, in-4). Nos biographes et bibliographes ne signalent pas, ce me semble, le *petit
livre* où l'auteur résuma son gros livre et qu'il lança quelques mois
avant, comme on lance un ballon d'essai avant un grand aérostat.

(2) Jean-Baptiste Doni, né à Florence en 1593, mort dans la
même ville en 1647, venait de publier : *Compendio del Trattato
dei generi e modi della musica* (Rome, 1625, in-fol,). Voir sur
Doni les *Lettres de Jean Chapelain* (t. I, p. 295; t. II, pp. 674,
682, 673).

(3) Cette analyse très développée du *Syntagma* est conservée,
non loin de la présente lettre, dans le volume 9544 du fonds
français (fo 105-108). En voici le titre : *Ordo syntagmatis de studio
militari cum militare studium referebatur tam ad militem quam ad
ducem propterea de utriusque officio. In hoc syntagmate disse-
ritur*, etc. L'analyse me paraît avoir été très bien faite, comme
tout ce qui est fait *con amore*.

imaginée à cause de la matière si esloignée de ma profession et qu'elle croioit que le livre seroit bien receu. Si
d'avanture vous jugés de la pouvoir legitimement confirmer en ceste opinion, je vous prie de le vouloir faire,
autrement non. Le sieur Allatius vous aiant escrit l'incluse
je me suis chargé de vous la faire tenir et de vous prier
du nouveau de vouloir prendre la protection de son
Georgius Acropolita lequel n'atend rien que vostre consentement et aduis pour vous estre envoié. Je suis si
estonné et si fasché tout ensemble de n'avoir point de
nouvelles de M. Gaffarel que je ne vous le puis assez
exprimer. Je vous prie, Monsieur, me vouloir obliger de
luy faire tenir la presente en quelque lieu quil soit, quand
bien mesme il seroit revenu à Venise: Je ne doubte point
qu'il ne m'aist escrit plusieurs fois. Mais je croy que la
negligence de deux de nos amis communs par les mains
desquels les lettres devoient passer ont esté causes que je
n'en ay point eu il y a plus de huict moys. Je voudrois
qu'il vous pleust m'honnorer icy de vos commandements
puisque sans iceux je crains de vous estre inutile à cause
du peu de nouveautés qu'il y a au default desquelles je
ne scay comment vous pouvoir tesmoigner que je suis,

  Monsieur,

    Vostre tres humble, tres obeissant et tres

     obligé serviteur,

      Gab. NAUDÉ.

Je pensois escrire à Mr Gaffarel. Mais il m'est impossible pour le present. J'escrirey par le prochain ordinaire.
De Rome ce 27 Janvier 1636 (1).

----

(1) Fonds français 9544, f° 104 bis. — Voici le titre complet et
la date de l'ouvrage sur la lune d'Ulysse Albergotti mentionné
dans la première lettre de Naudé: *Dialogo nel quale si tiene contro
l'opinione comune degli Astrologi, Matematici e Filosofi, la Luna
esser da se luminosa e non ricevere il Lume del sole...* (Viterbe,
1613, in-4).

VI.

Monsieur, ne vous ayant escript la derniere fois que pour vous asseurer de la reception de vostre belle et grande lettre, et m'excuser si j'en differois la response jusques à l'autre ordinaire qui est celuy-cy, il faut maintenant suppleer à ces deux ou trois occasions precedentes qui se sont escoulées pendant que nostre cortege (1) de Rome me tenoit sans aucun relasche attaché dans l'antichambre, et vous remercier premierement de tant d'honneurs et de faveurs que vous me faites journellement dans la continuation des vostres, lesquelles estant si copieuses et remplies de remarques si belles et curieuses, je ne suis pas moins ravi quand je les recois à cause de l'indicible contentement qu'elles m'apportent, que fasché et honteux de la peine que vous prenés à les dicter; et d'autant plus que je me reconnois moins digne de ces graces particulieres, d'autant plus aussi admire-je vostre bonté à me les despartir si saintement (2). Mais puisque je sçay qu'elle est telle, et si telle et si grande qu'elle ne veut pas mesme que l'on insiste dans les remerciemens qui luy en sont deus, je fairay ce qui est de vostre volonté, et suivant les points de vostre lettre du 1 février (3), je respondray à iceux, et luy diray toutes les informations que j'en puis maintenant avoir. Mais il faut auparavant faire une petite

(1) De *corteggio*, action de faire sa cour.

(2) Naudé a-t-il employé cet adverbe excessif? J'en doute fort, je l'avoue, et je suppose que, payant le tort de sa mauvaise écriture, il s'est vu attribuer un mot auquel il n'avait pas songé. Je proposerais volontiers de substituer à *saintement* un adverbe qui est plus en situation, l'adverbe *largement*.

(3) Nous n'avons malheureusement pas cette lettre du 1er février 1636. Du reste, la correspondance avec Naudé est, pour cette année-là, très pauvre dans les registres des minutes de l'Inguimbertine, et je n'y relève que deux lettres, une du 5 juin et l'autre du 31 juillet.

pose sur messieurs Gassendi et Gaffarel, mes bons amis,
avec lesquels il y a si long temps que je ne me suis entretenu. J'estime que le premier aura fait un merveilleux
progrès dans ses speculations Epicuriennes et observations
celestes, pendant le long sesjour qu'il a fait en Provence (1), et ce voyage de Paris luy vient maintenant tout
à propos (2) pour luy donner occasion d'en enfanter
quelques unes (3). J'avois vu auparavant que partir l'es-
bauchement de cette sienne Philosophie (4), laquelle doibt
bien estre à cette heure achevée et accomplie au grand
contentement de touts les gens de biens et amateurs des
speculations reelles et non chimeriques. Mais neantmoins
d'autant que toutes les belles verités qu'il decouvre ne
sont pas bonnes à tant d'esprits foibles et rampants qu'il
y a dans le monde, j'estime qu'il aura de la peine à la faire
imprimer, et je ne sçay encore s'il luy seroit utile : C'est
pourquoy en cas qu'il prevoye cette difficulté, il obligeroit
bien ses amis de reduire cette docte et curieuse fatigue (5)
à un tel point, que n'y manquant plus rien, on la peut
faire descripre (6) comme on fait tous les jours celle de
Bodin *de rerum sublimium arcanis* (7), laquelle aussi ne
se peut imprimer, et cela estant *haberent bonae mentis ho-*
mines aliquid remotum et munitum ab aliorum curiositate

(1) Gassendi n'avait pas quitté la Provence depuis le mois
d'octobre 1632.

(2) Le voyage de Gassendi à Paris ne s'effectua que beaucoup
plus tard (août 1641).

(3) *Enfanter* signifie ici *publier, mettre au jour.*

(4) Gassendi était à Paris en 1625, en 1628, en 1630, en 1631.
Naudé avait pu l'y voir dès 1625.

(5) Italianisme, *fatigue* est ici employé pour *étude, fatica.*

(6) C'est-à-dire transcrire,

(7) Voir sur cet ouvrage de Jean Bodin, publié seulement de
nos jours (1857, in-8°) sous ce titre : *Heptaplomeres sive colloquium*
de sublimium rerum abditis, les intéressants détails donnés
par Chapelain à Conringius, le 30 janvier 1673 et le 1er juillet de
la même année (*Lettres,* t. II, 1883, pp. 809, 825). Conringius possédait une copie de l'*Heptaplomeres.*

prophana. Et pour ce, Monsieur, je vous supplie de me vouloir mander en quel estat est ledit Livre, et ce que l'Autheur, auquel je baise mille fois les mains, en prétend faire (1).

Sur Mr Gaffarel je ne sçay de quelle façon il est devenu si paresseux veu qu'il avoit coustume d'estre le plus diligent de touts mes amys. Je luy aurois escript plus de vint fois s'il demeuroit en quelque lieu ferme ; mais d'autant que mes freres m'escripvent qu'il n'est point à Paris, et que tous nos amis communs de Padoue m'asseurent, il y a plus de six mois, que l'on l'attend de jour à autre à Venise, je demeure tousjours dans cette incertitude, et apres avoir eu deux ou trois ans durant quasi tous les jours de ses lettres (2), il me faut maintenant estre des années entieres sans en recepvoir aucunes. Je vous prie doncques à son defaut de me donner de ses nouvelles, et particulierement s'il a gagné son procès, de quelle valeur est le benefice (3), s'il pretend de retourner à Venise, et

(1) Ce ne fut qu'en 1647 que Gassendi publia le *De vita, moribus et placitis Epicurii*. Voir, à ce sujet, les *Documents inédits sur Gassendi* (p. 22).

(2) A ce compte, même en faisant assez large la part de l'exagération, combien de centaines de lettres de Gaffarel à Naudé ont été perdues ! Et combien j'ai eu raison, dans l'*Avertissement* des *Quatre lettres inédites* de cet ami de Naudé (pp. 4-5), d'appeler l'attention des chercheurs sur tant de pages qui n'ont sans doute pas toutes définitivement disparu !

(3) Gaffarel jouit au moins de quatre bénéfices, Ganagobie, Omeil, Revest-de-Brousse, Saint-Gilles. Voir sur ces bénéfices l'*Avertissement* qui vient d'être cité. Quant au procès dont Gaffarel demande des nouvelles à Peiresc, voir dans le même petit recueil (*Appendice*, p. 32) divers détails fournis par mon savant collaborateur et ami M. Léon de Berluc Pérussis (*Note sur le prieuré de Ganagobie*). L'adversaire de Gaffarel, le sieur du Bousquet, fut condamné comme usurpateur par arrêt du conseil du 10 septembre 1638. Mais c'était un personnage qui, s'il n'était pas *juste* comme le héros d'Horace, était au moins aussi *tenace* que ce héros ; il ne voulut pas s'incliner devant l'autorité de la chose jugée et Gaffarel n'eut raison de sa résistance qu'en lui faisant, lui vainqueur, presque autant de concessions qu'un vaincu.

s'il n'a rien fait imprimer depuis son retour en France,
puisque d'attendre l'esclaircissement de ces doubtes à la
response à la presente incluse, laquelle je vous prie de luy
faire tenir au lieu où il pourra estre, ce seroit peut estre
attendre bien tard. J'ay nouvelle de mes frères que les
exemplaires du livre que luy a desdié le seigneur Allatio (1) sont arrivées à (2) Paris, et qu'il les a consignées
à Mʳˢ ses freres, de quoy je ne doubte point qu'il n'aye
esté aussi adverti. Mʳ Moreau, à cause de tant d'occupations qu'il a, m'escript si lentement et si rarement, que je
n'ay point encore eu d'advis de la reception des Livres
que vous luy avés envoyé: j'espere bien que ce sera pour
la premiere.

Il me desplait que l'Eclipse de ce Moine d'Ancone se
soit perdüe (3). Je ne croy pas neantmoins qu'encore bien
qu'elle fust arrivée, Mʳ Gassendi en eust peu tirer grand
profit, parce qu'elle n'estoit pas, à mon advis, dressée
suivant toutes les circonstances par luy requises. A propos
de la consultation que vous dictes que Son Eminence desiroit, j'ay veu celle que vous luy avés envoyée de
Mʳ Scipion du Perier (4), et d'autant qu'elle estoit Françoise, je l'ay traduite en Latin, et vous puis asseurer,
Monsieur, qu'elle a fort pleu à Son Eminence, et pour
moy je l'ay trouvée fort claire, intelligible et pressante,

(1) Ce livre était : *De psellis et eorum scriptis* (Rome, 1634,
in-8).

(2) Pourquoi Naudé emploie-t-il au féminin le mot *exemplaire*
qui n'a jamais cessé d'être masculin du xııᵉ siècle au xvııᵉ ? Le
mot *exemple*, au contraire, a été fait plus d'une fois féminin, notamment, pour citer à la fois le témoignage le plus ancien et le
témoignage le plus moderne, dans la *Chanson de Roland* et dans
la satire X de Mathurin Régnier.

(3) C'est-à-dire les observations du moine sur l'éclipse, la description de ce phénomène.

(4) Scipion du Périer fut un jurisconsulte renommé ; il naquit à Aix
en 1588 et mourut en 1667. C'était le fils de François du Périer, im-
mortalisé par les belles stances que lui adressa son ami Malherbe.

plus que toutes celles qui se font icy à furie de citation (1) de divers Autheurs.

Le Sr Liceti est en parfaite guerison de sa cheute (2), et a recommencé ses lectures accoustumées. Il fait maintenant imprimer deux autres responses al Giglioli (3) conceues avec la mesme modestie que les premieres ; neantmoins voyant que ledict Sr Liceti s'obstine trop à ce genre d'escripre, ayant desjà faict imprimer neuf semblables responses ou apologies, de quoy ses amis commencent un peu à murmurer, je luy en dis, l'autre jour, mon advis dans une longue lettre Latine, et comme ledict Sr Liceti m'a creu en d'autres conseils que je luy ay donné autrefois, aussi je présume tant de l'affection qu'il me porte de croire qu'il ne nesgligera pas encore celuy-là. Il n'a point fait ce Livre que l'on nous a dit des Plantes qui naissent sur des Animaux vivants ou autres Plantes, mais si bien un Livre *de Spontaneo viventium ortu* imprimé infolio (4) et rempli d'infinies belles curiosités entre lesquelles je ne fais de doubte qu'il n'ait parlé de ces Plantes que vous dictes. Touchant le Prunelier greffé sur l'estomac d'un Espagnol (5), ni luy ni moy n'en avions point entendu parler auparavant ; c'est pourquoy je luy ay envoyé le contenu de tout ce que vous m'escripvés en vostre lettre sur ce subject, et ne manqueray de vous adviser particuliérement de tout ce qu'il m'aura respondu.

Touchant le bois petrifié je ne manqueray pas d'y

---

(1) Expression italienne. On sait le grand rôle que joue le *furioso* chez nos voisins. Nous dirions moins énergiquement *à grand renfort de citations*.

(2) La chute dont il a été question dans une précédente lettre et qui avait causé la rupture des os du bras de Liceti.

(3) Jean Thomas Zilioli succéda, comme professeur de philosophie à Padoue, malgré la compétition de Liceti, au célèbre César Crémonini, mort en 1631. Voir sur Zilioli, mort en 1637, Niceron (t. XXVII, p. 376).

(4) L'ouvrage, divisé en quatre livres, avait paru à Vicence en 1618.

(5) Ce prunellier greffé sur l'estomac d'un Espagnol est un spectacle qui fait rêver.

faire le second voyage, et d'en rechercher la nature le
mieux qu'il me sera possible. M^r le Cardinal ne sçait qui
peut luy avoir escript d'avoir veu cette longue piece de
bois, veu qu'il n'a jamais veu la lettre, et ne sçait point
d'en avoir escript à d'autres que vous, Monsieur, ou que
autre que vous lui en aye escript à lui. Une des plus
grandes preuves que j'avois eu jusques à cette heure pour
le croire fossile estoit l'authorité du Prince Cesis qui en
avoit fait tant d'experiences. Mais proposant, l'autre jour,
cette difficulté à Mr de Bonnaire, je fus bien estonné qu'il
s'en mocqua, disant qu'il n'estimoit rien du tout le jugement dudict Prince, qu'il l'avoit connu et pratiqué, et que
c'estoit le plus pauvre homme du monde, et qui croyoit
le plus facilement et sans aucune discretion tout ce qu'on
luy disoit. Si cela est, je m'en rapporte à une plus ample
information ; mais, s'il plaist à Dieu, dans trois ou quatre
mois j'en pourray parler plus asseurement (1).

(1) Citons ici un fort curieux passage de *Mascurat* (pp. 667-668)
« On l'accusoit[Le P. Mersenne] de croire trop facilement à beaucoup d'histoires et d'expériences naturelles. Tous les hommes de
bien et curieux souffrent une semblable exception, à cause qu'ils
jugent d'autruy par eux-mesmes. Ce grand homme, défunt M^r
Peyresk (*sic*), en estoit de mesme, et le duc Federic Cesis, qui
estoit chef de l'Academie des Lyncées à Rome, ne donnoit quasi
rien à son jugement, pour trop deferer à celuy des aultres. Il me
souvient à ce propos que voyageant par l'Italie, j'eus la curiosité
d'aller voir une mine ou carrière de bois fossil, ou estimé tel, qui
estoit proche la ville d'Aquasparta et de laquelle un des Lyncées
nommé Stellati avoit fait un livre par commandement dudit duc
Federic : mais quoyque toute cette Academie et un certain Claude
Menestrier de Besançon, que l'on disoit avoir esté grand naturaliste
ou plustot grand fabuliste, puisque tout luy estoit bon, comme
aussi le medecin du Cardinal de Lyon [J. de La Ferriere] eussent
jugé que ce bois estoit fossil, Je trouvay après l'avoir bien ob-
servé, et avoir deterré en fouillant sur les lieux, des bastons, des
planches, des douves, des poutres, des troncs d'arbres, et plusieurs
sortes de bois noüeux, poly, fourchu, droit, tortu, garny d'escorce
ou depouillé d'icelle, couché en un lieu, et debout en l'autre ; je
reconnus, dis-je, que tout ce bois venoit de quelque forest ecrasée
avec tous les chantiers et magasins qui estoient en icelle, sous la
cheute et le renversement des terres plus hautes et plus voisines,

J'avois fait copier icy le Traité de Figueroa en response de celuy de Chiffletius (1), mais le Copiste, qui est un des meilleurs de ce pays cy, y a fait tant de fautes, et l'a tellement estrapassé (2), que n'y connoissant rien du tout, j'ay eu honte de vous l'envoyer; et au lieu de la copie j'ay mis l'original, lequel ayant fait copier à vostre mode, vous me le renvoyerés, s'il vous plaist. Le Sr Rhodio ayant fait dès il y a deux ans un excellent traité sur cette matiere (3), je ne sçay pourquoy il ne le fait imprimer; je luy en ay escript cent fois, *sed quod natura dedit tollere nemo potest*. Il a en luy ce defaut de ne se contenter jamais (4), pour contrepoids de beaucoup d'autres bonnes qualités: aussi est-il impossible de luy pouvoir lever de la teste, bref *nescit ponere manum de tabula*.

Le Pere Thomasin a fini d'imprimer la vie de Marc Antoine Peregrin, celebre jurisconsulte de Padoüe, laquelle il a dédié à M^r d'Expilly. J'en attens un exemplaire dans deux ou trois jours. Ledict Pere m'asseure de vous avoir escript il y a plus d'un mois; c'est le meilleur

dans les furieuses secousses et agitations d'un tremble-terre, comme fut l'an 1618 celuy qui escrasa sous le renversement d'une montagne la ville de Pioury aux Grisons, et que par laps de temps il y avoit acquis une dureté, accompagnée d'une noirceur et de certaines veines qui se font aussi remarquer au bois de chesne, lorsqu'il a esté des centaines d'années ensevely sous les eaux, ou dans terre, comme l'on peut voir ès pilotis de Venise et d'Amsterdam ». Ai-je besoin d'ajouter que, dans les 717 pages in-4^u du plantureux recueil connu sous le nom du *Mascurat*, Naudé a eu l'occasion de parler de plusieurs des personnages mentionnés dans ses lettres à Peiresc, notamment de Leo Allatius, des frères Dupuy, de Fabrot, de Gassendi, de Luc Holstenius, de Riolan et de la belle bibliothèque de ce dernier.

(1) L'ouvrage du médecin Jean-Jacques Chifflet (né à Besançon en 1588, mort en 1660) est intitulé: *Acia Cornelii Celsi, propriæ significationi restituta* (Anvers, 1633, in-4).

(2) De l'italien *strapazzare*, maltraiter.

(3) Il a été question de Jean Rhode dans les lettres III et IV.

(4) C'était aussi le défaut de Claude Fauriel auquel ses amis reprochaient ses perpétuels ajournements, l'accusant d'être possédé du démon de la *procrastination*.

homme du monde, et qui n'est jamais en repos. Les parens de Dominico da Molino l'ont prié de vouloir faire sa vie en Italien, et il s'en est chargé : mais neantmoins je ne sçay s'il passera outre, parce que ledict Sr Dominico da Molino ayant esté un des plus obstinés au temps de l'interdit, ou il faudra taire ces particularités, et sa Vie sera deffectueuse, ou les disant elle sera deffendüe à Rome (1) où le dict Pere a intention d'y venir et d'y faire des bonnes habitudes.

Je ne pensois plus au Pere Campanella (2) ensuite de la promesse que je vous avois faicte de ne me soucier de toutes ces calomnies qu'il avoit forgées malicieusement contre moy, et qu'en effet j'attribuois plustost à son humeur legere et extravagante qu'à une mauvaise intention qu'il eust de me prejudicier, veu le peu de subject qu'il en avoit. Mais enfin, Monsieur, il faut que je vous advoüe que je ne suis plus ni dans cette opinion, ni aussi dans la retenüe qui la suyvoit, car mes dernieres lettres de Paris m'ont appris de bonne part que ledict Pere est tout plein de mauvaise volonté contre moy, et trois jours auparavant mon départ de Rome, un Pere Minime nouvellement arrivé de France m'estant venu voir, il s'estonna de voir le portrait dudict Campanella dans ma chambre, disant que peut estre n'estois pas adverti des discours

---

(1) Ce dilemne effraya sans doute Tomasini, car aucun bibliographe ne mentionne un ouvrage de lui sur Dominique de Molin.

(2) En appelant tout particulièrement l'attention du lecteur sur le réquisitoire qui va suivre et dans lequel Naudé a un peu trop oublié qu'il faut beaucoup pardonner à qui a beaucoup souffert, je rappellerai que l'on doit à un renommé savant napolitain, M. Luigi Amabile, un curieux travail sur la correspondance de Campanella (*il codice delle lettere del Campanella nella bibliotheca nazionale*, etc., Naples, 1881, gr. in-8º de 147 p.), et j'ajoute qu'on lui devra, plus tard, un travail beaucoup plus considérable embrassant l'histoire de la vie, des écrits et des relations de l'ardent publiciste, travail en vue duquel M. Amabile n'épargne ni son temps, ni sa peine, ne reculant même pas devant les fatigues d'un voyage de Naples à Carpentras.

qu'il tenoit ordinairement de moy. Ces advertissemens, à
dire vray, joints aux vostres, et à ceux premierement de
Mʳ Diodati, et puis à d'autres des personnes qu'il n'est
encore besoin de nommer, m'ont faict penser de plus près
à mes affaires, et voyant que ce seroit abandonner mon
honneur à la malice noire et endiablée de ce meschant
homme qui le va meurtrissant partout où il peut, si je de-
meurois davantage patient (1) d'une ingratitude si lasche
et infame que depuis que le monde est monde je ne croy
pas qu'il s'en soit trouvé une semblable entre des personnes de lettres, je m'en suis plaint hautement à un sien
serviteur et ami nommé Favilla, à Mʳ Bourdelot (2), médecin de l'ambassadeur (3), qui luy escript fort souvent,
et depuis huit jours encore à M. Diodati, et je fais encore
maintenant le mesme envers vous, vous priant d'excuser
si doresnavant, surmonté d'une si juste douleur, et au
cas que ledict Pere ne me restitüe de sa propre main
l'honneur qu'il m'a osté par un desdit ouvert de tous les
mensonges forgés à mon desadvantage, je publie à tous
mes autres amis les lettres qu'il vous a escriptes, et commence encore de mon costé à mettre la main à la plume,
non tant pour me justifier de ses oppositions, ce que je
puis faire suffisamment par la seule impression de son
discours du Vesuve, que pour descouvrir au monde ces

(1) C'est-à-dire : si je souffrais plus long-temps une ingratitude
aussi lâche et aussi infâme. On trouvera dans la dernière des
lettres de mon petit recueil (nᵒ XIV), lettre de date incertaine, mais
antérieure à la date de celle-ci, l'histoire complète des relations de
Campanella et de Naudé jusqu'à leur rupture.

(2) C'était Pierre Michon, dit l'abbé Bourdelot, né à Sens en
1610, mort à Paris en 1685. Il fut médecin des princes de Condé
et (en 1651) premier médecin de la reine Christine de Suède. Sur
ce neveu du philologue Jean Bourdelot, voir les fascicules III
(p. 55) et V (p. 70) des *Correspondants de Peiresc*.

(3) Le comte François de Noailles, né en 1584, mort en 1645,
fut ambassadeur à Rome d'avril 1634 à juillet 1636. Il protégea,
pendant son séjour à Rome, Campanella et Galilée et ce n'est pas
là un de ses moindres titres d'honneur devant la postérité.

belles vertus morales et tres chrestiennes de ce nouveau
philosophe qui veut donner loy à tout le monde, et publier les vices, impostures, mechancetés, trahisons et
autres telles qualités de ce Moine ehonté. Il me fasche
plus que je ne sçaurois exprimer de me porter à ces extré-
mités, mais quel moyen de ne le pas faire dans une si
grande brutalité et trahison que ce meschant homme a
tesmoigné envers moy ? Si je luy en avois donné le moindre
subject du monde, je dirois qu'il s'en voudroit venger *per
fas et nefas;* mais de quoy se peut-il plaindre de moy,
sinon que je ne l'ay pas servi où il s'agissoit de l'impossible?
Estre sa trompette douze ans durant, l'avoir preconisé
en tous mes livres imprimés, l'avoir soutenu à Rome
envers tous et contre tous, m'estre faict le maistre du
Sacré Palais ennemy à son occasion, avoir presque degousté
le cardinal Barberin à cause de ce que j'avois dict de luy
dans ma Bibliographie (1), avoir faict ce remerciement au
Pape pour sa délivrance (2), qui m'a cousté six mois entiers
de mon temps, escripre sa Vie, tenir son portraict dans ma
chambre, luy avoir faict offrir par mes frères, lors de son
arrivée à Paris, la maison et tout ce qui en despendoit,
avoir faict mille autres choses en sa consideration qui se-
roient trop longues à escripre, ce sont là mes demerites
envers luy et les occasions qu'il a maintenant de con-
trouver tant de forfanteries à mon préjudice. Je luy
donne encore respit tant qu'il vous ait fait response sur
ce que, je m'asseure, vous ne manquerés de luy escripre

(1) *Bibliographia politica* (Venise, 1623, in-12).
(2) Campanella, après vingt-sept ans de détention, ayant été mis
en liberté, le 15 mai 1626, sur la demande adressée par le pape
au roi d'Espagne, Philippe IV, Naudé composa un discours pour
remercier Urbain VIII de sa généreuse intervention. et des bienfaits dont il combla l'ancien captif : *Panegyricus dictus Urbano VIII
pont. max. ob beneficia in M. Thomam Campanellam collata.* Ce
morceau oratoire dédié aux deux frères les cardinaux Antoine et
François Barberini, ne fut imprimé qu'en 1644 (Paris, Sébastien et
Gabriel Cramoisy, in-8°).

en cette occasion, et que la copie m'en soit venüe entre les mains. Car alors s'il ne chante en icelle la palinodie, et qu'il ne promette d'estre plus sage à l'advenir, je vous jure foy d'homme de bien et d'honneur que je me déclareray son ennemi mortel et luy en susciteray tant d'autres de tous costés qu'il se repentira cent fois tous les jours de m'avoir si puerilement et malicieusement offensé sans aucun subject contre l'equité et la raison.

J'ay trouvé son Discours du Vesuve à Rome, lequel je garde pour une preuve authentique de toutes ses autres faussetés ; car si homme du monde peut dire par la collation du mien avec le sien que j'en aye tiré un seul iota tant du sens que des paroles, je veux demeurer infame tout le temps de ma vie : aussi est-ce ma resolution de le faire imprimer en cas qu'il ne se dedise. Car outre la descouverte du mensonge, il montrera encore de quelle façon ce grand oracle a discouru sur une si belle matiere. Cependant je vous envoye la marque essentielle que son Discours ne fust faict que le 4 de Janvier, là où le mien, comme vous pouvés voir, partist de Rome pour France le 2 dudict mois. Je vous prie de me le renvoyer et de juger par iceluy de l'extreme malice et temerité de cet homme. Mais ce n'est pas moy seul qu'il traite de la sorte ; j'en prouveray bien d'autres quand il sera besoin ; et je fairay bien entre autres que Schioppius ne luy pardonnera pas l'accusation qu'il lui faict, et que j'ay, signé de sa propre main, qu'il luy a desrobé tous les livres qu'il a faict imprimer (1). *In somma* vous pouvés, Monsieur, asseurer ledict Pere que, si je n'ay sa retractation dans six

(1) Il est piquant de voir Campanella, après avoir accusé Naudé de plagiat, subir la peine du talion et être à son tour accusé par Naudé de l'avoir pillé et d'avoir aussi pillé Scioppus. Que faut-il penser de cette assertion, que les ouvrages de Campanella appartiennent en réalité à l'ennemi de Scaliger ? Aux critiques spéciaux il appartient d'examiner de près ces délicates questions de paternité littéraire.

sepmaines, ou au moins promesse de ne me plus offenser,
il aura dans trois mois la premiere de mes indignations
Latines, à laquelle j'en adjousteray tous les six mois de
nouvelles, puisque la matiere ne me sçauroit manquer en
si grande quantité d'objections que j'ay à faire à ce bon
homme. J'en ay presqu'autant escript à M. Diodati, parceque ça esté luy qui m'a le premier adverti des louanges
que ce Maistre imposteur là me donnoit. Si vous jugés à
propos de concerter avec luy le moyen de remedier à cette
langue si puante et venimeuse, je m'en remets à vostre
discretion. Car, après tout, je desire premier que d'entrer
en lice, justifier mes actions envers tous mes amis, et
principalement envers vous, Monsieur, que je respecte et
honore bien plus que nul autre, contre le gré et conseil
duquel je ne voudrois rien entreprendre. Il me fasche de
vous avoir si long temps entretenu sur cette mauvaise
matiere ; mais que puis-je moins faire, puisque c'est par
devant vous que je suis accusé, et que déjà une fois à
vostre consideration j'ay pardonné aux mauvaises humeurs
de ce merveilleux Philosophe.

Pour l'Argoli je ne croy pas qu'il en faille rien esperer, ni pour l'Eclypse passée, ni pour les futures. C'est
un homme qui n'a jamais, au moins à mon advis, rien
veu du Ciel que dans les Ephemerides, et au reste si des-
pourveu d'instrumens necessaires à ces observations, et de
la volonté de les mettre en œuvre quand il les auroit,
qu'il se peut conter pour inutile en ce dont il s'agit maintenant ; et je croy que ce qu'il a escript à Leo Allatius est
une eschapatoire, et de tous ceux qui peuvent seconder en
Italie ce bon dessein, il ne faut quasi faire estat que de
Camillo Gloriosi, homme vrayement entendu, et *da parlar
sodamente della sua professione, nelle quale viene dopo il
Galilei stimato il primo, almeno in queste parti* (1). Il est

_____

(1) Propre à parler solidement de sa profession, dans laquelle il
est jugé être le premier après Galilée, au moins dans ces contrées.

ami intime du Sr Pietro la Seina, et pour luy il n'y a rien qu'il ne fist, et tous deux ensemble, ce sont deux tres galans hommes, et voudrois pour grande chose qu'il se presentast quelque bonne occasion de vous les faire connoistre plus particulierement.

Je voy bien à la citation du Livre dudict Sr Pietro combien ma mauvaise escripture l'a travaillé (1), car ce n'est pas *de lustro minuendo, sed de luctu;* et d'autant qu'il est imprimé à Lyon, vous le pourrés avoir facilement. Je luy ay leu ce que vous m'escriviés de luy, et il vous en remercie tres humblement, et comme c'est l'image de la modestie et de la bonté, aussi s'estonne-t-il de la vostre, et voudroit avoir quelque occasion de tesmoigner l'estime qu'il en faict, aussi bien que de vos autres vertus et qualités trés rares, lesquelles luy font juger et tenir pour asseuré aussy bien qu'à moy et à tous ceux qui vous connoissent particulierement qu'après Vincentio Pinelli (2) et Il Molino decedés, vous restés seul leur successeur en ce digne employ de favoriser les lettres et lettrés, *Solus enim tristes hac tempestate Camœnas respicis.* Et s'il falloit peser vos merites avec ceux des deux precedens, je me doubte bien de quel costé pancheroit la balance ; mais il faut reserver ces paralleles pour quelqu'autre occasion, et passer au S^{er} Allatius duquel vous aurés maintenant receu une lettre.

Je voudrois, Monsieur, que vous puissiés connoistre au vray la franchise et bonté de cet homme là ; car je ne doubte point que vous n'en demeurassiés tres satisfaict (3).

---

(1) On aime cet aveu *dépouillé d'artifice.*

(2) Dans une note du recueil des *Lettres françaises inédites de Joseph Scaliger,* j'ai salué Vincent Pinelli (p. 105) comme un des meilleurs érudits et un des plus fervents bibliophiles du xvie siècle ». Voir encore sur Pinelli le fascicule V des *Correspondants de Peiresc* (p. 42).

(3) Naudé dit presque autant de bien d'Allatius que de mal de Campanella. Les détails qui vont suivre sont précieux pour la biographie des deux savants émules, Allatius et Holstenius. Conférez

Il vous recommande son Acropolites qui n'attend que
vostre licence pour vous aller trouver sous l'adresse de
M. de Bonnaire. Peut estre qu'à la fin les Libraires ouvri-
ront les yeux pour connoistre le bon d'avec le mauvais.
Les Epístres de Socrate sont maintenant sous la presse à
Paris, où le premier volume de ses *Miscellanea* attend pareillement la faveur de Cramoisy ou de Morel ; et celuy la
faict, il en peut donner neuf autres, c'est à dire plus de
Septante Auteurs grecs et anciens non imprimés auparavant, ce qui, à dire vray, me semble un grand thresor.
Le mal entendu d'entre luy et Mr Holstenius n'est pas
digne de vous mettre en peine, d'autant qu'il est fort
leger et presque imperceptible à ceux qui ne penetrent
pas dans l'interieur de tous les deux ensemble, car ils se
parlent, voyent et entreservent mutuellement, et excepté
cette jalousie que chacun a de vouloir prevenir son compagnon à publier ou se servir de certains manuscripts qui
leur viennent entre les mains, tout le reste va bien, quoy
qu'à dire vray le seigneur Leone ne peut quasi faire autre
chose, que ce qu'il fait en cette occasion. Car en effet
Mr Holstenius, comme il a une tres grande capacité, con-
çoit aussi de tres grands desseins, et le plus souvent bien
differens les uns des autres, comme seroit, par exemple,
d'imprimer tous les Geographes anciens, de recueillir
aussi toutes les œuvres ensemble des Philosophes Plato-
niciens, de faire imprimer tous les Autheurs manuscripts
et anciens qui ont escript de la vie des Papes, et autres
semblables, lesquels comme ils sont de tres grande ha-
leine, aussi ne les peut-il pas finir si promptement, veu
qu'encore il y travaille avec assés de relasche. Cependant,

le *Naudœana* (Paris. 1701, in-12) où l'article *Allatius* occupe deux
pages, et où on lit que c'est un *fort bon homme, gentilhomme du
cardinal Barberin à dix écus par mois, très sçavant en grec et en
humanités, le plus sçavant qui soit à Rome et que s'il avoit un imprimeur à sa dévotion, il feroit imprimer plus de livres grecs que n'a
fait Meurtius*.

comme il croit tousjours d'accomplir ces desseins, aussi a-t-il deplaisir que quelqu'un entreprenne rien de ce qui en peut despendre; et, au contraire, le s^r Leone Allatio, qui est d'un naturel ardent et expeditif, se trouvant beaucoup de petits Autheurs, qui concernent ces matières, se fasche de n'avoir pas la liberté d'en faire ce qu'il veut, et d'estre empesché par ces desseins, qui ne se finissent jamais, de publier ce qui peut estre advantageux pour luy et pour le public, et d'exempter les siens qui sont tous prets, et n'attendent que la commodité des Imprimeurs. C'est doncques ce seul differend qui est entre eux, mais si couvertement neantmoins que vous n'en debvés rien presupposer de prejudiciable ni à l'un et à l'autre; au contraire si un Imprimeur de Padoüe ne me manque, qui m'a promis d'imprimer je ne sçay quel petit livret du seigneur Leone, je le veux dedier audict Sr Holstenius pour cimenter d'autant mieux et rejoindre leur amitié.

Ayant pris information du Sr Leone de ce que vous desirés sçavoir touchant la Bibliothèque de Scipion Tetius, il m'a respondu n'en sçavoir autre chose sinon que certain Robert Tetius, son heritier, vendit beaucoup de bons Livres à un *di casa Guadagni*, lequel estoit alors à Rome pour le service du Duc de Florence, auprès duquel s'en retournant il mourust d'une cheute de cheval, après quoy ses livres furent dissipés *di quà et di là*. Pour ce Georgius Acropolita qui estoit en la dicte Bibliotheque, le Sr Leone n'en regrette pas beaucoup la perte, d'autant que son exemplaire s'est trouvé si correct qu'il n'y reconnoist presque aucun manquement; au contraire par le moyen du *Compendium* qui estoit derriere, il a corrigé l'imprimé par Douza en plus de mille endroits. Pour Xenophoutis Ephesiaca, il dit que le manuscrit en peut estre dans la Bibliothèque de Florence (1), à cause que Politian dit de

---

(1) C'était la vérité : ce manuscrit, qui est unique, appartenait alors à la bibliothèque des moines de Sainte-Marie à Florence.

l'avoir leu (1), ou en celle du Roy, puisque Henry Estienne en promettoit l'edition dans son Thresor de la Langue Grecque. Pour des habitudes que vous desirés avoir à Florence, en ayant parlé à Monseigneur le Cardinal, il m'a asseuré de pouvoir satisfaire à vostre desir par le moyen de quelques siens amis, personnages d'authorité, et que lorsque vous auriés besoin de quelque chose de la Bibliotheque de S. Laurens, il ne falloit que luy en envoyer l'information, et qu'il fairoit en sorte que vous en auriés satisfaction.

De la Bibliotheque de Peruse vous verrés les informations que vous en envoye M[r] le Cardinal, avec le Catalogue des Livres de *Arte militari*, mais parce que l'on ne sçait s'ils sont Grecs ou Latins, ni MS. ou imprimés, vous pourriés persuader au Cardinal mon maistre par vos premieres, qu'il m'envoyast en ladicte ville, qui n'est distante que deux journées, pour prendre de bonnes informations de cette Librairie, et dresser un petit catalogue des Livres les plus rares qui y sont, ce que je croy qu'il vous accordera facilement, et ce d'autant plus qu'il ne luy coustera rien que la monture qui sera de son estable. Je croy à la fin que tous les meilleurs Livres qui y estoient seront à la Vaticane, parce que Paul V y a réduit quasi tous ceux qui estoient les plus remarquables en la Bibliothèque du duc Altemps. Son Eminence a pareillement escript à deux de ses amis à Milan, aux quels elle a envoyé sa relation jointe aux vostres par le cardinal Trivulse et l'Abbate Taverna, lesquels je ne vous sçaurois dire si Son Eminence aura envoyées, à cause de la miserable condition du temps present; mais neantmoins je sçay qu'il en a escript bien precisement à l'Abbate de

(1) Chardon de La Rochètte (*Mélanges de critique et de philologie*, t. II, article sur *Xénophon d'Ephèse*, p. 69) s'exprime ainsi : « Ange Politien en avoit eu connaissance, puisqu'il en fait mention dans son *Liber Miscellaneorum*, Lyon, Séb. Gryphe, 1528, tome II de ses œuvres, p. 582). »

Castillion et à un autre de ses amis ; et que vostre information a esté envoyée, comme vous verrés plus ouvertement par les responses. Le sieur Leone est d'opinion que pour tous ces autheurs tactiques vous n'auriés que faire de sortir de la Vaticane, mais le Pere Justinian qui en a la garde est si difficile et extravagant qu'il vaudroit mieux que la dicte Bibliotheque fut tout à fait fermée (1), car il ne se passe de jour qu'il n'y face quelque nouvelle reformation. Maintenant personne ne sçauroit plus chercher dans l'Indice que luy et un sien serviteur, de façon qu'il faut deviner doresnavant. C'est un homme *di pocco senno* (2) qui n'a presque rien veu ni sceu, hors de ce qui est dans la Bible, le Baronius, et les Conciles, et qui faict le bigot pour devenir cardinal, ne craignant point de faire des bravades impertinentes à qui que ce soit affin que l'on conçoive plus grande opinion de son zele. Je me remets des histoires qu'il faict tous les jours à Mr Bouchard, qui en est un spectateur pour vous en entretenir (3). Celle qu'il me dit, un mois après nostre arrivée à Rome est bien remarquable et digne de vous estre racontée. J'avois remarqué sur les bancs de la Vaticane exposés à la veüe d'un chascun certain livre intitulé *Synagoga Daemonum Humberti de Costa*, qui est un livre faict par un Moine (4), et présenté, ce me semble, à Louis XI, contre l'opinion qui couroit en ce temps là, aussi bien comme à cette heure, que les sorcieres alloient reellement et corporellement au Sabbat, et d'autant que je suis entierement persuadé du

(1) Tous ceux qui, à cette époque, travaillaient à Rome, se plaignaient des mesquines rigueurs du P. Justiniani. C'est un bibliothécaire condamné à l'unanimité des voix.

(2) De peu de sens.

(3) Bouchard écrivait à Peiresc, le 7 mars 1636 (fascicule III, p. 47), au sujet de la mauvaise volonté du P. Justiniani : « Il fait justement de cette bibliothèque comme le chien du jardinier fait des choux de son maître ».

(4) Ce livre n'est mentionné ni dans le *Manuel du Libraire* ni dans les autres recueils que j'ai pu consulter.

contraire, et que tout ce beau mystere ne se fait qu'en Songe, et par imagination, je m'estimois heureux d'avoir rencontré ce galant homme de mon opinion : je le leus deçà et delà et trouvay sur la fin du livre un rescript du Roy à la Sorbonne dicté en François par lequel il ordonnoit qu'elle eust à examiner ledict livre, et luy en faire son rapport ; et ensuite il y avoit le Decret de la Sorbonne en confirmation de l'opinion dudict Humbertus de Costa compris en trois ou quatre articles, qui non seulement approuvoient ce Livre, mais deffendoient de plus croire que ce transport fust reel et corporel, et il me souvient que le Decan (1) souscript audict Decret se nommoit L'Huillier. Je m'adressay doncques au Pere Justinien, je le prie qu'il me permette de copier ce Decret, et quelque chose du Livre par cy par là, il demande trois jours de temps pour examiner ma demande et considerer si elle estoit raisonnable, et ce terme expiré, il me dit pour response qu'il s'estonnoit bien fort comme un si meschant Livre estoit demeuré si long temps ainsi à la veüe d'un chascun, mais beaucoup davantage encore de ce que je demandois de voir. Je luy demande en quoy il l'estimoit si meschant ; il me dict que c'estoit parce qu'il traitoit des sorciers, je luy repondis que c'estoit une matière conneüe, de laquelle je luy nommerois cinquante autheurs imprimés et non deffendus qui en avoient traitté. Il me répliqua que celuy cy destruisoit la croyance que l'on en avoit communement : je luy dis que Alciat (2) Basin (3), et plusieurs autres Autheurs estoient de la mesme opinion,

(1) Le doyen. Littré n'a pas indiqué, dans son *Dictionnaire*, la forme *decan.* C'est, du reste, un italianisme: *decano.*

(2) S'agit-il là du célèbre jurisconsulte ? Je ne vois dans la liste de ses œuvres rien qui se rattache à la sorcellerie. Peut-être Naudé ne vise-t-il aucun traité spécial d'André Alciat, mais seulement quelque passage de ses traités de jurisprudence.

(3) *Tractatus exquisitissimus de magicis artibus et magorum maleficiis per Bernardum Basin canonicum* etc. (Paris, 1483, petit in-4°).

que neantmoins se lisoient tous les jours, sans aucun scrupule de prohibition; là dessus se mettant en colere, il me dit qu'il ne sçavoit pas tant de choses, mais que ce luy avoit esté assés d'avoir veu que ledict Autheur disoit que *striges non pertinebant ad Forum ecclesiasticum*, et que pour cette seule parole il le mettroit en tel lieu où personne ne le verroit jamais, et s'en alla tout despité, mais non pas tant que moy, qui me mordis bien les pouces de n'avoir leu ledict livre sur le banc où il estoit attaché, sans rien dire, mais il eut fallu estre devin.

A propos de quoy je vous diray, Monsieur, qu'un nommé Mr du Fresne, qui est de present à Rome, m'ayant asseuré que M. de l'Ancre avoit fait imprimer, un peu auparavant sa mort (1), un Livre des Divinations (2) dans lequel il respond à certains endroits de mon Apologie (3), je serois bien ayse de sçavoir si vous avés veu ledict Livre, et au cas que ledict Livre fust en vostre Bibliotheque, qu'il vous pleust de me faire transcrire les endroits où il parle de moy, avec le titre du Livre et les chapitres. Je désirerois aussy scavoir si Roberti, jesuiste de la ville de Liege (4), n'a poinct faict imprimer certain Livre intitulé

(1) Pierre de Rosteguy, sieur de Lancre, conseiller au parlement de Bordeaux, si célèbre comme démonographe, était mort, dans sa maison de campagne de Sainte-Croix du Mont, près Saint-Macaire (département de la Gironde), non en 1630, comme on le dit à peu près partout, et notamment dans le *Dictionnaire historique de la France*, mais le 2 février 1631. M. A. Communay, vice-président de la Société des Archives historiques de Bordeaux, auquel je dois l'indication de cette date, prépare, d'après des documents inédits, sur le magistrat visionnaire, un travail qui sera bien curieux.

(2) Le *Livre des Divinations* ne semble pas avoir été imprimé, car je n'en trouve nulle part la plus petite trace. Je tiens à rappeler ici que, dans le *Bulletin du bibliophile* de 1885 (p. 81-85) M. Jules Delpit a publié un remarquable article sur *Pierre de Lancre et la sorcellerie à propos d'une rareté bibliographique*.

(3) L'*Apologie pour les grands personnages faussement soupçonnez de magie* (1625).

(4) Le P. Jean Roberti n'était pas de la ville de Liège; il l'habita seulement pendant quelques années. Il était né en 1569 à Saint-Hubert, dans les Ardennes, et il mourut en 1651 à Namur.

Magia fanatica dans lequel Mr Gassendi m'a dit autrefois qu'il parloit fort contre Mr Gaffarel et contre moy (1).

Reste le Josephe et le Livre de Porphyre contre les chrestiens, desquels ayant parlé au Sr Allatio, il m'a respondu avoir veu quelques lieux du dernier cités dans deux *Catena græca* non encore imprimées, mais que de tout le livre il n'en sçavoit donner aucune information ; et pour le Josephe il m'a asseuré qu'il y en avoit un bon exemplaire dans la Palatine, et par consequent dans la Vaticane, sur lequel un pere Jesuite françois avoit conféré, il y a quelque temps, les volumes imprimés.

Maintenant pour des nouvelles librairiques (2), je ne sçache autres livres nouveaux qu'un petit *Compendium* de Baronius ou plustost de Spondanus (3) en deux volumes in-16 imprimés à Rome, la pratique de medecine de Cortesius en trois volumes in-folio venüe de Messine (4); et la Politique en Italien del Chiaromonte, avec la Vie de Mr Antoine Peregrin del Thomasini.

Mr Seve, medecin de M^r le Cardinal de Lyon, en l'amitié duquel je me trouvois engagé par lettres expresses de Mr Moreau, l'ayant pris et rompu avec Mr de la Ferriere, dès lors qu'il fust appellé au service de mon dict S^r le Cardinal, ils en sont venus si avant que de se vouloir

---

(1) Ce traité est resté inédit, car on ne le mentionne pas dans la *Bibliothèque des écrivains de la Compagnie de Jésus*, où les ouvrages du P. Roberti sont énumérés en plusieurs colonnes (t. III, col. 223-234).

(2) Le mot *Librairique* figure aussi dans la lettre de Naudé à Jacques Dupuy (*Bulletin* de 1881, p. 538). Décidément Naudé avait du goût pour cette expression qui, semble-t-il, n'a jamais été employée que par lui seul.

(3) Henri de Sponde, le savant évêque de Pamiers, avait résumé, en 2 volumes in-fol. (Paris, 1630) les 12 vol. in-fol. des *Annales* de Baronius. A son tour l'abrégé de Sponde avait été abrégé en 2 petits volumes.

(4) Jean-Baptiste Cortesi, né à Bologne en 1554, occupa pendant 35 ans la chaire d'anatomie à l'Université de Messine et mourut en 1636. La *Practica medicina* parut (1635) en trois parties qui forment deux volumes in-fol.

ruiner l'un l'autre, et de rechercher toutes leurs actions passées : de sorte que pour ne donner jalousie à pas un des deux, je m'estois abstenu de les voir et pratiquer fort long temps, joinct aussi que pour les considérations du Patron, je me retire le plus que je puis de la hantise de ceux de nostre Nation; neantmoins je n'ay sceu si bien faire que Mr de la Ferrière n'aye eu opinion que j'avois escript quelque chose à son desatvantage à Mr Moreau, et de plus à Mr de Lorme, de quoy estant adverti par quelqu'un de mes amis, je fus avec Mr Bourdelot trouver ledict Sr de la Ferriere pour me justifier de ce qu'il croyoit que j'avois dict ou faict contre luy. Je luy fis toucher au doit d'où venoit l'occasion qu'il avoit de ce soubçon et combien elle estoit fausse ; que je n'avois jamais veu, ni escript, ni parlé à M. de Lorme (1), et bref je luy donnay telle satisfaction que nous demeurasmes bons amis, et je puis bien dire meilleurs qu'auparavant, d'autant que ce fust là la première fois que je luy parlay.

J'attens vostre advis sur le contenu de mon *Syntagma de arte militari*. Je commence maintenant à le copier et repolir pour le mettre soubs la presse aux depens, comme je croy, de Son Eminence. Je voudrois bien que ce fust chose qui vous fust agreable, et à mes autres amis aussi. Je ne sçay si M. Fabrot a faist reimprimer ses exercitations toutes ensemble comme vous m'aviés escript qu'il vouloit faire. Mais enfin je suis honteux de vous tant donner de peine après ma mauvaise escripture, et pourrois faire un Calepin au lieu d'une Lettre. Je finis par mes prieres ordinaires qu'il vous plaise tousjours me conserver en vos bonnes graces comme estant, Monsieur, vostre, etc.

Gabriel Naudé.

De Rieti, ce 29 mars 1636 (2).

---

(1) C'était Jean de Lorme, médecin de Henri IV et de Louis XIII, né en 1547, mort en 1637. Une lettre de Guez de Balzac, du 8 décembre 1629, lui est ainsi adressée : « A Monsieur de Lorme, medecin ordinaire du Roy, et thresorier de France à Bordeaux ».

(2) Bibliothèque Méjanes, collection Peiresc, t. VIII, fol. 70.

VII.

Monsieur, depuis ma derniere j'ay eu advis de M.^r le prieur Cellony arrivé depuis peu à Rome, qu'il avoit beaucoup de choses à m'envoyer de vostre part, et aussi de celle de Mrs Gassendi et Gaffarel, ce qui m'a fort resjouy d'autant que je ne m'attendois pas d'avoir des vostres à cet ordinaire, mais vostre bienveillance est si grande que le soleil cesseroit plustot de sa course ordinaire que vous, Monsieur, de continuer à favoriser et honorer vos serviteurs. J'ay prié certains de mes amis de Rome de prendre lesdicts pacquets pour me les faire tenir icy au plustost, et ne manqueray pas de vous donner plus ample advis de la reception d'iceux au prochain ordinaire.

Cependant j'adjousteray pour nouvelles à la precedente que Francesco Bosio, prestre de l'Oratoire, ou plustost *della Chiesa nuova* (1), fait imprimer à Rome le premier volume des Annales de Tomaso Bosio, *suo fratello*, que l'on tient estre une œuvre tres exacte pour la supputation du temps tant de l'histoire prophane que sacrée (2). Il court aussi certaine controverse latine s'il faut dire *Alonzo* ou *Alphonso*, laquelle pour estre de peu de feuilles je croy que quelqu'un de vos amis vous envoyera dans un *piego* de lettres (3).

L'on m'a escrit de Paris que le livre des Talismans faict

Copie. A propos de Dominique de Molin, mentionné dans la présente lettre, comme dans plusieurs des lettres précédentes, rappelons que Foscarini *(Letterat. Venez.)* regrette que personne n'ait écrit la vie de ce célèbre Mécène dont Gassendi fait un si bel éloge.

(1) L'Oratoire de saint Philippe de Néri a occupé les bâtiments de la Chiesa Nuova à Rome jusqu'en 1870.

(2) Les frères Bosio ont été oubliés dans nos recueils biographiques et bibliographiques qui ne connaissent que Jacques Bosio et son neveu Antoine Bosio, l'un célèbre par son histoire de Saint-Jean de Jérusalem et l'autre par sa description des catacombes.

(3) Un paquet de lettres.

contre les curiosités inouïes de Mr Gaffarel (1) ne vaut rien du tout, et n'est nullement accredité (2). Si cela est, je n'estimerois pas à propos que nostre bon ami se mist beaucoup en peine pour y respondre, de quoy je vous prie, Monsieur, de luy donner advis, s'il est encore auprès de vous, et de le conseiller comme vous jugerés plus à propos.

L'Evesque de Montpellier (3) a couru risque de sa vie pour avoir voulu guerir un peu de gale en se baignant tout le corps d'eau de sublimé (4); en quoy Mr de la Ferriere l'a fort bien secouru.

Le feu s'estant mis dans les estables (5) du Cardinal de Savoye, sa mule et quatre chevaux ont esté bruslés.

On me vient de mettre entre les mains certain MS. des Antiquités de Rieti que l'auteur veut faire bientost imprimer. Ce sera peu de chose, à mon advis, mais neant-moins *est aliquid prodire tenus si non datur ultra*, et cela donnera occasion à quelqu'autre de faire davantage. Je vous en parleray plus amplement dans mes suivantes et suis, Monsieur, vostre, etc.

Gabriel Naudé.

De Rieti, ce 23 may 1836 (6)

(1) Le livre des *Curiosités inouïes* parut pour la première fois à Paris en 1629 (in-8°) et fut réimprimé à Rouen en 1631. Il y eut encore bien d'autres éditions ; j'ai sous les yeux celle de 1650.

(2) *Des Talismans ou Figures faites sous certaines constellations* (Paris, 1636, in-8°). Cette réfutation était de Charles Sorel, l'auteur de l'*Histoire comique de Francion* et de la *Bibliothèque françoise*. Weiss (article *Gaffarel* de la *Biographie universelle*) assure que cette réfutation qui, selon notre document, ne fut *nullement accréditée*, eut, au contraire, *assez de succès*.

(3) C'était le fameux prédicateur Pierre Fenouillet ; il occupa le siège de Montpellier pendant plus de 40 ans (1607-1652).

(4) C'est ici le cas de rappeler une humoristique boutade : « Au bon vieux temps, tout le monde avait la gale ». De l'évêque de Montpellier on peut rapprocher le grand Scaliger qui, dans ses *Lettres françaises*, se plaint *(passim)* de cette vilaine maladie.

(5) On disait autrefois *étables* pour *écuries*, comme le prouve, pour le xve siècle, le proverbe cité par Froissart (*vous voulez clore l'estable quand le cheval est perdu*) et, pour le xvie siècle, une phrase de Montaigne sur le *cheval en repos à l'estable*.

(6) Bibliothèque Méjanes, collection Peiresc, t. VIII, f° 16. Copie.

VIII.

Monsieur, depuis ma precedente avec laquelle je vous adressois l'information venue de Milan touchant les MSS. de Mauritius, d''Orbitius et de l'Anonyme, je n'ai pas beaucoup appris de nouveautés qui méritent de vous estre escriptes, neantmoins, je vous diray le peu que j'en scay, commençant par celles du seigneur Leone (1) lequel par sa diligence accoustumée à rechercher les MSS. grecs en a trouvé un depuis peu qui contient beaucoup d'Epistres de Théodore, Evesque de Nicée, de Nicolas, patriarche de Constantinople, de Simeon Méthaphraste et plus de quarante de Photius, toutes lesquelles il ne manquera pas de publier sitost qu'il aura trouvé quelque libraire de bonne volonté (2). Le mesme, faisant le catalogue des MSS. grecs du cardinal Barberin, m'escript d'y avoir trouvé beaucoup de volumes de conséquence, et entre autres le texte des Prophetes Majeurs et Mineurs Grec de très bonne main et ancienne, avec toutes les diverses leçons et interpretations en marge d'Aquila, Symmaque, Théodotien et autres semblables qu'il croit avoir esté prises mot à mot de l'Exaple d'Origène, de façon que ce livre estant imprimé, suivant que le cardinal Barberin a donné asseurance de le vouloir publier, peu s'en faudra que le pauvre Drusus (3) et Palassus n'ayent travaillé en vain. C'est ainsi que les thresors de l'Antiquité se descouvrent

(1) Leo Allatius.

(2) Voir dans le tome VIII des *Mémoires* de Niceron l'énumération des publications faites de ces divers manuscrits par Leo Allatius (p. 106 et *seq.*).

(3) Naudé fait allusion à un ouvrage posthume de Jean Drusius, publié par S. Amama, professeur d'hébeu à Franeker, sous ce titre : *Veterum interpretum graecorum in totum Vetus Testamentum fragmenta* (Arnheim, 1622). Voir Dom B. de Montfaucon, préface des Hexaples d'Origène (*Patrol. gr.*, XV). Sur Drusius, consulter la notice de Nicéron (t. XXII, p. 57).

tous les jours, et Dieu sçait si les Princes prenoient soin de les faire chercher en tant d'endroits où les teignes et vers les mangent, combien d'autres on en pourroit tirer au proffit du Public et des Lettres!

J'apprends aussi que le Cardan *de dentibus* s'imprimera bientôt à Lyon par Durand, libraire, qui ne faira pas, à mon advis, une mauvaise entreprise (1), d'autant que ce livre est fort vanté par son auteur, et qu'en effet il me semble très beau et fort accompli. Je croy que c'est le meilleur de ceux qui restent à imprimer de ce prodigieux génie. Je ne sçay si je vous ay escript autrefois que j'ay sa vie composée par luy mesme escripte de sa propre main, assés ample pour faire un juste volume *in quarto* ou *in octavo*, laquelle je m'offre d'envoyer audit Durand, s'il la veut publier ensuite de celuy de *Dentibus* (2) : elle me fust donnée à Rome par le Medico Croce en reconnoissance de ce que je luy avois dedié la premiere de mes questions (3), et pour luy il l'avoit eüe du cardinal Bevi-

(1) Le traité *de dentibus* parut à Lyon, en 1638, dans un recueil d'opuscules médicaux de Jérôme Cardan (*Opuscula Medica Senilia*, in-8°). Ces opuscules, qui sont au nombre de quatre, le premier étant consacré aux dents, ont été réimprimés dans l'édition des œuvres complètes de Cardan donnée par Charles Spon à Lyon, en 1663, en dix volumes in-fol.

(2) Le *De propria vita liber* ne parut pas à Lyon à la suite du traité *de dentibus*, mais Naudé le publia en 1643 à Paris chez Jacques Villery, dédiant l'édition à son ami E. Diodati (*Hieronymi Cardani mediolanensis de propria vita liber. Ex bibliotheca Gabrielis Naudæi parisini cum ejusdem judicio de Cardano et præfatione ad nobilissimum clarissimumque virum Ælium Diodatum jurisconsultum et philosophum doctissimum. In-8°*). La très curieuse autobiographie reparut à Amsterdam en 1654 (petit in-12) chez Jean Ravestein; le volume avait été imprimé à Gouda par G. de Goeve. On retrouve les confessions de Cardan dans le tome I des œuvres complètes, précédées du discours déjà cité de Naudé sur le caractère de l'auteur et d'un recueil des éloges qui lui ont été décernés (*Testimonia præcipua de Cardano a Gabriele Naudæo collecta*).

(3) *Ad clarissimum doctissimumque Medicum et philosophum Vincentium Alsarium Crucium S.-D. N. Urbani VIII cubicularium,*

laqua, qu'il avoit longtemps servi (1). J'ay encore un œuvre ebauchée et non finie du mesme Auteur, intitulé De
prudentia eximia, en laquelle il vouloit donner les moyens
à priori et la theorie de reussir en toutes sortes d'affaires,
comme, par exemple, de gagner un procès, et surmonter
toutes autres difficultés, ce qu'il traite avec tant de subti-
lité que c'eust esté, à mon advis, un des beaux livres qu'il
eust fait, si la difficulté de la matiere ou ses autres occupations ne l'eussent empesché de l'achever (2) ; et je vous
en donne advis d'autant plus volontiers qu'il ne me semble
pas de l'avoir veu mentionné dans le catalogue que feu
Mr Aleandre vous envoya de ses MSS. trouvés à Rome.
J'espere bien d'en publier quelque jour des fragments
dans certain recueil que j'ay envie de faire de certaines
petites pieces égarées de cet Auteur (3).

On m'escript de Rome que le prodromus du P. Kircher (4) sera bientost achevé d'imprimer ; tous les curieux
l'attendent en grande devotion. Comme j'en parlois, l'autre jour, à Son Eminence, je lui adjoustay que ledict Père
avoit faict imprimer certain livre en Avignon des horologes

in Romana sapientiæ practicæ Medicinæ professorem, ac olim Gregorii XV medicum et cubicularium secretum, etc.

(1) Boniface Bevilaqua, patriarche de Constantinople, évêque de
Corvia, de Sabine et de Frescati, fut revêtu de la pourpre romaine
en 1598 et mourut en 1627.

(2) Les meilleurs des critiques qui ont étudié les œuvres de
Cardan, où l'on trouve jusqu'à 222 traités, n'ont pas indiqué, ce
me semble, cet opuscule qui, d'après l'analyse qu'en donne Naudé,
méritait d'eux, quoique resté incomplet, une petite mention. Qui
nous dira ce qu'est devenu le manuscrit du De prudentia eximia?
On sait que Cardan avait déjà composé un livre sur la prudence
civile qui parut pour la première fois à Leyde, chez les Elzevier,
(1637, in-12), et qui fut réimprimé par eux en 1635 sous ce titre :
Arcana politica.

(3) Ce recueil n'a jamais paru. Rappelons qu'en 1635 Naudé avait
publié un opuscule de Cardan intitulé : De præceptis ad filios li-
bellus (Paris, Th. Blaise, in-8°).

(4) Athanase Kircher naquit le 2 mai 1602 à Ghysen, près de
Fulde, et mourut à Rome en 1680. Son Prodromus Coptus sive Ægyp-
tiacus ad eminentiss. principem S. R. E. Cardinalem Franciscum

catoptriques (1), desquels vous aviés envoyé des Exemplaires à M. le cardinal Barberin, sur quoy Elle me respondit qu'elle croyoit que vous lui en envoyeriés aussi quelqu'un, de quoy j'ay bien voulu vous donner avis. Elle a eu grand plaisir de voir tant d'observations d'Eclypses que vous avés faict faire par tout le monde, et en a fort estimé la consequence, comme en effet elle me semble telle qu'elle vous doibt encourager, Monsieur, de faire poursuivre ces observations en tous lieux et par toute sorte de moyens, pendant que vous avés M. Gassendi si bien disposé de les assembler, conferer et d'en tirer les consequences necessaires et indubitables. J'estime infiniment les labeurs de ce galand homme, nostre bon ami, qui avec son *Mercurius sub sole visus* (2), ses observations des Eclypses et autres semblables fait plus de progrès dans les sciences en trois feuillets de papier, que tous les autres ne font avec tant de gros volumes. Mais afin que vous et luy puissiez mieux reussir en ces recherches et de l'Eclypse principalement, il me semble qu'il seroit bon de se determiner à quelqu'une des plus celebres de l'année qui vient, et encore de l'autre suivante, s'il s'y en rencontre quelqu'une de plus notable et singuliere ; et cependant concerter et deliberer de tous les lieux où il sera besoin de la faire observer, pour puis après en escripre à loisir à tous vos amis, et leur donner temps aussi qu'ils puissent chercher des personnes propres et entendües pour ce faire, et traiter avec eux, et les presser de s'y vouloir employer en toutes façons ; car cela estant, j'estime que vous pour-

---

Barberinum parut à Rome en 1636 (in-4°). Voir le titre complet de cet ouvrage dans la *Bibliothèque des écrivains de la Compagnie de Jésus* (t. II, 1872, col. 446). Conférez les trois notes sur Kircher et sur le *Prodromus* de la lettre de Naudé à J. Dupuy (*Bulletin du Bibliophile* de décembre 1881, p. 532).

(1) *Primitiæ Gnomicæ catopricæ, hoc est horologiographiæ novæ specularis...* (Avignon, 1635, in-4°). Voir *Bibliothèque des écrivains* etc., col. 445.

(2) Paris, 1631, in-4°.

rés avoir une vintaine d'observations asseurées, si principalement Mr Gassendi vouloit prendre la peine de tracer
une petite information de l'importance de ces observations,
et des circonstances pour les faire exactes et asseurées, laquelle il m'escript qu'il seroit à propos de faire imprimer
in formam programmatis, affin qu'on la peust envoyer à
tous les Mathematiciens et Astronomes auxquels on escrip-
roit pour ce subjet, et par ce moyen il me semble que l'on
pourroit conclure et venir à quelque chose d'asseuré puisque
les observations se trouvant pressées comme elles ont esté
cy devant, il est comme impossible qu'elles se fassent en
tous les lieux que l'on voudroit bien, et que ce soit
aussi avec les diligences requises.

De l'Argoli il n'en faut rien attendre en cette occasion,
ni pour le passé, ni pour l'avenir, d'autant que son génie
n'y est pas porté, et que peut estre ce seroit la premiere
observation qu'il auroit faite. Il sçait calculer et supputer
des Ephemerides *præterea que nihil* (1). Le seigneur Liceti
m'escript d'y avoir faict toutes les diligences possibles, et
qu'il luy doit maintenant avoir envoyé ses observations *al
signor Leone*, ce que je croy estre absolument une eschapatoire, veu ce que ledit seigneur Leone m'en a autrefois
escript, et cela aura esté cause que *il signor Liceti* aura
respondu fort tard à vostre lettre, d'autant qu'il esperoit
tousjours de pouvoir tirer quelque chose de cet homme,
sed citius aquam e pumice (2).

Le Pere Thomasin m'escript de vous avoir envoyé une
Vie de M. Antonio Peregrini, avec un petit mot de lettre ;
c'est pourquoi je vous prie le vouloir favoriser de quelque

---

(1) Voir ce qu'en dit le *Naudæana* (p. 35) : « Andreas Argolus est
un professeur de mathématiques à Padoue, *qui multa scripsit præ-
sertim Ephœmerides*. Il gagna sa vie à faire des horoscopes..... »
Argoli était né à Tagliacozzo ; il mourut à Padoue en 1657.

(2) Rappelons que Plaute, voulant décrire des yeux qui ne peuvent pleurer, se sert de l'expression *Oculi pumicei*, yeux secs
comme la pierre ponce.

response agreable suivant vostre coutume, comme aussi le seigneur Leone Allatio qui n'a point encore sceu si vous avés receu celle que je vous envoyay, il y a plus de deux mois, de sa part.

Vous aurés eu par lettres de Rome le récit des funerailles faites *al Mancini*, fondateur de l'Academie des Humoristes (1), où Mascardi dit l'oraison funebre; c'est pourquoy je ne m'estends point à vous en expliquer toutes les circonstances. Le Guastavini est mort à Gênes (2) et a suivi le Santorius (3) que je vous mandois par mes precedentes estre mort à Venise *ex pura resolutione et marasmo*, ayant esté vint quatre heures sans poulx manifeste. Nous attendons icy l'imprimeur dans quinze jours pour travailler sur mon *Syntagma*, duquel j'ay veu ce que vous escriviés de nouveau à Son Eminence en vostre derniere ; je vous en remercie tres humblement.

Touchant le voyage de Perouse duquel vous luy parlés aussi, Son Eminence le concerta avec moy en lisant la vostre, et d'autant que nous avons eu relation très asseurée depuis peu que la Librairie de la dicte Ville estoit quai toute dissipée, et presque de nulle consideration, j'inclinay à l'advis de Son Eminence qui estoit de n'y point faire un voyage exprès, veu principalement que le Vegece et ces deux autres Livres et Traités desquels vous semblés doubter sont imprimés et non point MSS. Ayant eu desir de

---

(1) Paul Mancini fut le grand-père des célèbres nièces du cardinal Mazarin, Marie-Hortense et Marie-Anne. Weis (*Biogr. univ.*) n'a pas indiqué l'année de sa naissance et l'a fait mourir en 1635. On voit par le récit de Naudé que le fondateur de l'académie des *Umoristi* ne mourut qu'au mois de mai de l'année suivante.

(2) Le nom de Guastavini manque à tous les répertoires.

(3) Le docteur Santorio, né à Capo-d'Istria en 1561, longtemps professeur à l'université de Padoue, laissa divers ouvrages de grande réputation, tels que : *Methodus vitandorum errorum omnium qui in arte medica contingunt libri XV* (Venise, plusieurs éditions, de 1602 à 1630; Genève, 1631); *Commentaria in artem medicinalem Galeni* (Venise, 1612 et 1630; Lyon, 1632) ; *Medicina statica* (Venise, diverses éditions de 1614 à 1664).

voir un Livre imprimé qui estoit en icelle, intitulé *Dominicus Cyllerius de Arte Militari*; je l'ay fait venir avec mille peines et instances faites par Son Eminence, et l'ayant, j'ay trouvé que ce n'estoit absolument rien qui vaille, car c'est un petit in-folio imprimé à Venise, et recueilly par ledict Auteur, Grec de nation, et qui tenoit à mon advis les Ecoles à Ancone, *ex Valerio Maximo, Frontino, Plutarcho absque judicio, aut eruditione vel levissima.*

Pour la correspondance de Florence, Son Eminence vous en adresse une d'un homme fort partial de sa maison, actif et diligent au possible ; il vous a envoyé beaucoup de memoires tirés des archives de ladicte ville, et je croy qu'il ne luy sera pas plus difficile de vous servir pour ce qui sera de la Bibliotheque. J'ay oui parler d'un certain chanoine nommé Gadius de ladicte ville, lequel est homme de belles-lettres, et assés bon Poète Latin, qui se delecte aussi des histoires (1). Si vous pouviés nouër quelque pratique avec luy, j'estime que vous en pourriés aussi tirer quelque service. Il est ami de certains de mes amis de Rome desquels j'en prendray plus ample information pour vous l'envoyer au premier ordinaire.

J'oubliois de vous dire, Monsieur, que nous avons avis d'Amsterdam que Jansonius a achevé l'impression du supplément *Anti-Tychonis del Claramonte* (2), et que le mesme nous a aussi envoyé sa Politique imprimée en vulgaire à Florence, laquelle Son Eminence a leüe avec

(1) Un Gaddi, de la célèbre famille du bibliophile florentin. J'imagine que c'est Jacopo Gaddi qui a publié un *De Scriptoribus non ecclesiasticis, græcis, latinis, italicis,* in-fol., 1er volume, Florence, 1648; 2e vol., Lyon, 1649.

(2) Le *Naudæana* contient (p. 3) un piquant article sur « Scipio Claramontius, gentilhomme de Cesenne, âgé de 80 ans, fort sçavant, grand philosophe et mathématicien, marié à une jeune et fort belle femme,.. (suit une de ces gauloiseries qu'aimait tant le bon Naudé)... » On trouvera dans le *Naudæana* divers renseignements sur quelques-uns des personnages italiens mentionnés en ces lettres, notamment sur le cardinal Bagni, Campanella, Cardan, L. Pignoria, le chevalier del Pozzo, etc.

grande satisfaction, quoyque fort incorrecte ; elle est principalement contre le Bodin, le Frederico Bonaventura et le Machiavel.

Je finis de peur de vous ennuyer trop par ma mauvaise escripture, et suis à jamais, Monsieur, vostre, etc.

Gabriel NAUDÉ.

De Rieti, ce 26 may 1636 (1).

Si vous avés, Monsieur, quelques Livres ou MSS. curieux de *Arte militari*, je vous supplie de m'en vouloir envoyer les titres, le plus tost qu'il vous sera possible.

IX.

Monsieur,

Auparavant que de respondre à vos deux dernières des 20 avril et 5 juing, je vous remercieray très humblement de l'honneur que vous me faictes par la continuation si fréquente des tesmoignages de vostre amictié et vous priré de m'excuser si pour le peu de forces que j'ay et aussi pour la disgrace du lieu où je me treuve je ne puis aucunement correspondre à tant de bonne volonté de laquelle pour cela je demeure honteux et attendant avec impatience l'occasion de vous en pouvoir tesmoigner quelque recognoissance par mes tres humbles services.

Le pacquet de M. Cellony m'ayant esté envoyé icy j'ay adressé vostre lettre et celle de M. Bourdelot a signor Liceti et luy ay donné advis d'avoir receu les deux Ms. que l'on luy renvoie de Paris afin quil m'ordonne par quelle voie il veult que je les lui fasse tenir et tout ce qu'il m'ordonnera je ne manqueray de l'exécuter punctuellement de sorte que vous pouvez, monsieur, asseurer Monsieur Bourdelot, que les dicts M[anuscrit]s seront rendus et envoyés fidèlement au dict sieur Licety. Je viens tout maintenant de recevoir lettre de Paris de M. Gaffarel qui me

(1) Bibliothèque Méjanes, collection Peiresc, t. VIII, f° 11. Copie.

parle entre autres choses de l'affaire de C. Mais si une
lettre que je luy escrivis il y a environ quinze jours ou
trois sepmaines ne luy donne ouverture et occasion de
travaillier autrement, je ne pense pas qu'il soit bastant
pour terminer le différend. Car il ne m'escrit rien autre
chose sinon que le père proteste de n'avoir rien dict à mon
desavantage et quil veult mourrir mon serviteur et amy,
qui sont les caquets desquels il m'a repeu jusques à ceste
heure et desquels je ne puis en aucunne façon demeurer
satisfaict, et s'il ne m'escrit de sa propre main de s'estre
licencié legèrement ou par inadvertance de certaines
parolles et imputations contre moy, lesquelles il voudroit
n'estre point dictes et proteste maintenant qu'elles ne me
doivent ny peuvent prejudicier en aucune façon ; je suis
résolu, sous vostre bon consentement néantmoins, de ne
pas endurer une telle calomnie sans m'en ressentir. Ceux
qui ont le plus de pouvoir à le persuader sont Messieurs
Deodati et Gaffarel ausquels je voudrois vous prier d'escrire confidemment que vous avez entendu parler des diffe-
rents qui se passent entre luy et moy et que sachant
asseurément que le père m'a donné juste subject de me
pleindre de luy et que vous les priez de le reduire et persuader à me donner quelque satisfaction par lettres de sa
propre main conceues en telle sorte qu'il monstre au
moins d'avoir regret de m'avoir offensé à tort et legèrement
contre tant de services que je luy avois rendus. Je croy que
si vous voulez prendre la peine de traitter cest accord de la
sorte, il vous réussira et je suis résolu d'aultant plus volontiers que je ne voudrois pas par ma rupture avec luy a en
faire aultant de vostre costé comme il me semble que vous
m'escriviés de vouloir faire. Mais je vous proteste, monsieur, que telle satisfaction que me donne le dict père, je
ne le tienderay jamais pour autre que pour un homme
plus estourdy qu'une mousche (1) et moins sensé es affaires

(1) Henry IV disait : plus étourdi qu'un hanneton.

du monde qu'un enfant, et si d'avanture il s'obstine de ne
vouloir entendre a tant de voyes d'acord que je luy fais
présenter par mes advis, en rongeant mon frein le plus
qu'il m'est possible, et qu'il veuille tousjours persister en
ses menteries ordinaires et en ses impostures, j'en feray
une telle vengeance à l'advenir que s'il a esvité les justes
resentiments du Maistre du palais de Rome en s'enfuiant
à Paris soubs pretexte d'estre poursuivi des Espagnols
qui ne pensoient pas à luy (1), il n'esvitera pas pourtant
les miens. Au reste je fusse tousjours demeuré dans la
promesse que je vous avoys faicte de mespriser les mesdi-
sances qu'il vous avoit faictes de moy si trois ou quatre
mois après je n'avois resseu nouvel advis de Paris et de la
part de M. de la Motte (2) que je vous nomme confidam-
ment et depuis encore par la bouche du pere Le Duc,
minime, qu'il continuoit tous les jours à vomir son venin
contre moy, après quoy je vous advoue que la patience
m'est eschappé, mais non pas tant néantmoins que j'aye
encore rien escrit contre le dict père, sinon en général à
ceux que je croiois le pouvoir remettre en bon chemin.
Ce qui néantmoins n'a servy de rien jusques à ceste heure
à cause de son orgueil insuportable. Et Dieu veuillie que
vous ne soïés pas le quatriesme de ses bienfaiteurs qui
éprouvies son estrange ingratitude! je ne scaurois mieulx
le comparer qu'a un chiarlatan (3) sur un theatre ; il chante
puissamment, il ment effrontement, il débite des bagatelles à la populace, mais avec tout cela c'est un sot en-

(1) Qu'avait donc fait Campanella pour mériter les *justes ressen-
timents* du Maître du Palais ? Pourquoi cette fuite et ces prétextes ?
Il y a là tout un côté mystérieux de la vie de Campanella, sur lequel les trop vagues indications de Naudé jettent un demi-jour
qui semble bien défavorable.
(2) Ce M. de La Mothe était François de la Mothe-le-Vayer, âgé
de 48 ans, et qui allait devenir membre de l'Académie française,
en 1639. Naudé était très lié avec lui : ils appartenaient l'un et
l'autre à l'école sceptique.
(3) La forme *chiarlatan* se rapproche fort de l'italien *ciarlatano*.

ragé, un imposteur, un menteur, un superbe, un impatient, un ingrat, un philosophe masqué, qui n'a jamais sceu ce que c'estoit de faire le bien ny de dire la vérité (1). J'ay regret d'y avoir esté attrapé par les persuasions de Monsieur Deodat mais j'ay encore plus de regret qu'il vous en soit arrivé de mesme et que vous lui aiés faict tant d'honneur et de caresses. Car je penètre quasi que depuis la lettre que vous luy escriviés de M. Gassendi (2) il a commencé de ne vous pas espargner. Mais si ce que l'on m'escrit de Paris est veritable, j'espère qu'il en portera bientost la peine parceque l'on dict qu'il n'est plus caressé que de M. Deodat (3), lequel encore beaucoup de ses amis taschent de désabuser et il faict tous les jours tant de sottises que l'on ne l'estime desja plus bon a rien. Je ne scay si vous avès sceu que l'on lui avoit retardé le paiement de ses gaiges à cause qu'il s'estoit couvert impudemment devant le Cardinal et toute la cour (4), sans que l'on luy en eust faict signe et que M. le Mareschal d'Estrée (5) dict publiquement à Rome que ce n'est qu'un pédant et qu'il s'estoit voulu mesler de luy donner une instruction, à laquelle il n'y avoit ne sel ny saulge (6), ne rime ny rai-

---

(1) A-t-on jamais lu plus vigoureuse tirade ? Et avais-je tort de signaler, dans l'*Avertissement*, l'éloquente verve avec laquelle Naudé se déchaîne contre son adversaire ?

(2) Peiresc avait été obligé d'infliger un blâme sévère à Campanella dont la mauvaise langue n'avait pas même épargné un personnage aussi vertueux que Gassendi.

(3) Campanella avait-il donc été abandonné aussi par cette vicomtesse d'Auchy, qui, d'après les *Historiettes* de Tallemant des Réaux (t. I, p. 327), lui avait fait si bon accueil, à son arrivée, et lui avait donné l'hospitalité à Saint-Cloud ?

(4) Connaissait-on cette particularité ? Peut-être faut-il voir simplement, dans ce que Naudé regarde comme un acte de scandaleuse impudence, la distraction d'un philosophe oubliant les honneurs dus au grand Cardinal et à ceux qui entouraient ce vice-roi de France.

(5) Le frère de la belle Gabrielle était alors ambassadeur de France auprès du Saint-Siège.

(6) C'est-à-dire fade, sans goût. Cette locution proverbiale est bien ancienne, car on la trouve déjà au xiiie siècle dans le roman de *Renart*.

son. Je suis tellement animé contre la meschanceté de
cest homme, la quelle je cognois mieux que homme du
monde pour l'avoir experimenté sur moy et veue practi-
quée en tant d'aultres occasions, que je ne me lasserois
jamais d'en mesdire. C'est pourquoy je vous prie, Monsieur, de pardonner si je vous en parle si longtemps : ipse
est Cathani a Carimonta pax et retimentum de tous les
hommes de lettres ausquels il faict honte et deshonneur.

Maintenant pour responce à vostre seconde, jay esté
bien aise d'aprendre que vous aiés receu information de
Milan et qu'ensuite vous aiés encore un autre mémoire de
ce que vous en desiriés particulierement ; je vous puis
assurer que son Eminence l'envoia tout aussytost à l'abbé
Chastillion, celuy mesme qui nous avoit envoié la première information avec recommendation escrite de sa
main propre, à ce qu'il voulust faire toutes sortes de diligence possible pour vous donner satisfaction comme en
effect je ne doutte point que vous la receverés bientost si
les malheurs de la guerre qui talonnent maintenant de si
près la citté de Milan n'y aporte quelque retardement. Je
proposé à son Eminence d'adjouster au dict mémoire un
article touchant les hymnes de Dyonisius et quelques
aultres petites circonstances contenues en vostre lettre,
mais après avoir bien songé, sa dicte Eminence jugea plus
à propos de envoier le mémoire simple, disant fort bien et
à propos que il valloit mieux leur demander peu de choses
du commencement crainte de les espouvanter et que s'ils
faisoient ce premier service, il seroit facile par après de
faire faire en suite non seulement celuy des hymnes, mais
encore tous les autres dont vous auriés besoing. Touchant
le catalogue des M[anuscrit]s de Musique (1) nous l'avons
remis à une autre fois par la mesme raison. Estant à
Urbain j'y treuvé quelqu'un de ces vieux autheurs de

(1) Peiresc demandait ce catalogue pour son bon ami le P. Mer-
senne, l'auteur de l'*Harmonie universelle* (1636, 2 vol. in-fol.)

Musique desquels je pense vous avoir envoié le Catalogue,
et il y en a encore un autre gros recueil dans la Vaticane,
duquel Messieurs Bouchard et Leo Allatius vous pourront
donner information plus ample que moy. Si d'avanture
vous avez besoin de rien de la Bibibliothèque d'Urbain,
en laquelle il y a une infinité de bons M[anuscrit]s anciens,
vous en pouvés escrire comme de vostre propre mouve-
ment à son Eminence laquelle y a grand pouvoir tant à
cause de ses correspondances avec les gentilshômmes de la
ville que pour avoir le Bibliothécaire à sa dévotion, à
cause qu'il a eu ceste charge par faveur et recommendation
de sa dicte Eminence; il seroit à désirer que vous en eus-
siés un catalogue bien particulier. Je croy vous en avoir
envoié je ne scay quels extraicts et j'attens maintenant la
liste de tous les autheurs anciens qui sont en icelle,
traictans de re militari laquelle je ne manqueray de vous
l'envoier aussitost que je l'auray resceue.

Je vous remercie de la bonne information que m'avés
donnée des livres dont se sert M. de Saulmaise. Ce grand
nombre de M[anuscrit]s me sembloit bien impossible de
la façon que l'on me l'avoit représenté. Maintenant je
suis esclairci. Je m'estonne qu'il diffère la publication de
son livre (1) pour n'avoir veu Corvicius et les aultres autheurs anciens qu'il desire, d'aultant que c'est chose qu'il
pourroit faire imprimer séparément. Mais j'aime mieux
croire que comme très sage et advisé il ne fera rien qu'avec
bonne raison.

M. de Thoulouse le pouvoit bien servir en ceste occasion (2), mais il falloit estre sur les lieux; j'ay envoyé

---

(1) *De re militari Romanorum.* L'ouvrage ne parut qu'en 1657
(Leyde, in-4).

(2) *M. de Thoulouse* était alors Charles de Montchal qui siégea de
1627 à 1651. Voir sur ce savant prélat une récente et intéressante
publication de M. Léon G. Pelissier : *Les amis d'Holstenius* I.
Charles de Montchal, archevêque de Toulouse (Rome, 1866, grand
in-8 de 36 p.).

vostre lettre al signor Allatio lequel en recevera grande satisfaction et ne manquera pas de vous respondre punctuellement sur tous les poincts d'icelle ; je vous puis asseurer que depuis la dedicace del Sallustio qu'il porta luy mesme au sieur Holstenius, ils sont fort bien ensemble ; auparavant il n'y avoit que de petites jalousies ausquelles néantmoins j'ay jugé à propos de remedier par ce moyen lequel je suis bien aise qu'il vous ait pleu et pour ce qui est de servir le sieur Holstenius je vous puis asseurer de l'avoir tousjours faict très librement et franchement.

Vous avès faict un bon service au père Riu Rés de l'advertir qu'il n'imprime pas ceste inscription dans son prodromus, car c'eust esté la ruine du dict livre, je l'avois envoié a M. Gaffarel et je luy avois dict en trois mots que je la tenois faulse sans luy en spécifier aulcune raison ; il m'escrit qu'il est encore de mon opinion et que c'est une pure faulseté monachale. C'est chose estrange que le bon père Riu Res ne s'en soit aperceu. Mais il ne cognoist peut estre pas assez les fourberies du monde et combien l'imposture s'estend bien plus loing que la verité, et que la doctrine sans le jugement ne sert qu'a tout embrouillier.

J'estime les labeurs de M. de Gassendi à tel point que je le croy aujourdhuy l'unique subject que nous aions pour les sciences dont il se mesle et qui faict le plus de progrès en icelles (1). Je vous envoie dans la presente et vous prie de luy vouloir communiquer ce jugement du sieur Camillo Gloriosi sur l'observation des Eclypses comme aussy ces nouvelles de Wendeliny (2) ; si d'avan-

---

(1) Ce bel éloge donné à Gassendi est à rapprocher de tous les témoignages d'admiration que Naudé lui prodigue dans ses lettres latines.

(2) Godefroi Wendelin, correspondant de Gassendi et de Peiresc, fut célèbre comme astronome et comme géomètre. Né en 1580, il mourut en 1660. M. C. Ruelens, conservateur des manuscrits de la Bibliothèque royale de Bruxelles, va publier un important travail sur son savant compatriote, travail dans lequel l'inédit abondera.

ture vous ne scavez qu'il les a desja entendues de quelque
autre. Car on m'escrit de Flandre que le patronage bien
cogneu de vous et de luy a augmenté son livre de obliquitate solis (1) de dix ou douze observations importantes,
lesquelles il va faire imprimer; qu'il a aussy achevé son
livre de Diluvio (2) ou il rapporte une infinité d'observations curieuses et entre autres trois dates d'auparavant le
déluge raportées de Diodore, Herodote, Ciceron et Pline
sans qu'ils s'en aperçoivent, et qu'il cherche tousjours
d'aller à Constantinople pour s'esclaircir d'une certaine
difficulté trouvée dans Hipparchus qu'il estime de grande
importance. Comme je disois ces choses à son Eminence,
elle m'a dit que Wendelinus estoit de vos bons amis et
qu'en vostre consideration s'il vouloit venir a Rome, elle
lui donneroit sa parte in casa, sans l'obliger à aulcun
service. Je tesmoigneray ceste offre à un sien amy
de Flandre et verray s'il y aura moyen de l'attirer.
Mais je crains qu'il n'eust pas tant de liberté à Rome
d'escrire, comme il a en Flandre et encore moins commodité d'imprimer (3). Toutes fois ce sera à luy à y penser et
cependant je travailleray soubs main pour le persuader,
de quoy neantmoins je vous prie de ne rien dire à son
Eminence.

Je fis mettre il y a quelque temps entre les mains de

(1) Wendelin eut le mérite d'établir le premier d'une manière
incontestable la variation de l'obliquité de l'écliptique. (*Loxia, seu
de obliquitate solis diatriba*, Anvers, 1626, in-4). L'auteur avait
promis de donner de ce traité une édition corrigée et augmentée,
mais il n'a pas tenu sa parole.

(2) Le livre *de Diluvio* est devenu tellement rare, que l'on en
connaît seulement un seul exemplaire complet, lequel est en la possession de M. Ruelens. L'excellent érudit s'occupera beaucoup de
cet ouvrage à peu près inconnu, et ce ne sera pas la partie la
moins curieuse d'une monographie que le monde savant attend
avec grande impatience.

(3) Wendelin, qui était allé à Rome en 1600, ne devait pas y
revenir. A partir de 1612, pourvu de la cure de Herck, sa ville
natale, il ne quitta plus les Pays-Bas.

M. de Bonnaire deux livres d'un certain Messer Pelle-
grini qui traitte assez bien du moyen de servir les
grands. Je vous prie quant vous les aurés receus d'en
accepter un exemplaire pour vous et d'envoier l'autre de
ma part à messieurs du Puy; je ne scay rien autre chose
de nouveau à Rome.

L'estampateur (1) est enfin venu s'establir en ceste ville
de Rieti et si nous avions le papier que le marquis a promis nous commencerions l'édition de mon livre (2) de
laquelle je me protesteray tous jours vostre obligé puisque
M. le Cardinal me l'a accordée à vostre requeste. Si nous
la commençons maintenant, elle pourra estre achevée pour
la fin de ceste année et encore ne sera ce pas mal aller.

Le seigneur Liceti ne tardera guère, comme je voy, de
s'acquiter de son devoir envers vous par la dédicace de
quelques livres, il faict maintenant imprimer de Natura
primo movente ; on l'appelle à Bologne, mais il veult
trop de gaiges au gré de la dicte citté qui a refusé le Gian-
noni de Ferrare et traicte maintenant avec le sieur
Chiaramonte qui est très bon subject. Ma lettre (3) est si
mauvaise que j'ay honte de faire la presente plus longue.
C'est pourquoy je la finis en vous asseurant que je suis
tres asseurement.

Monsieur,
Vostre très humble, très obeissant et très obligé serviteur.

Gab. NAUDÉ (4)

De Rieti ce 30 juin 1636.

---

(1) L'imprimeur. Le mot est beaucoup plus italien (*stampatore*)
que français.

(2) *De Studio militari Syntagma*. L'ouvrage fut imprimé non à
Rieti, mais à Rome (*typis Joannis Faccioti*).

(3) *Lettre* signifie ici *écriture*. C'est dans ce sens que le mot est
employé par l'auteur de *Bajazet* :

« Du prince votre amant j'ai reconnu la lettre. »

(4) Bibliothèque nationale, fonds français, vol. 9544, fo 109.
Autographe.

X.

Monsieur, J'ay perdu cette fois cy l'occasion de respondre aux vostres par l'ordinaire passé, à cause que lors qu'elles me furent rendües, le s^r Pietro la Scina estoit au lit malade d'une fievre tierce pendant laquelle je ne jugeai à propos de luy envoyer vostre lettre et celle de Mr Gassendi pour les faire tenir al signor Camillo (1), crainte qu'elles ne s'esgarassent dans la longeur de sa maladie, ou qu'elles ne se perdissent si la fin en estoit mauvoise ; c'est pourquoy je me resolus d'en attendre la fin, laquelle ayant esté telle qu'il a pleu à Dieu l'appeller à soy (2), j'ay incontinent envoyé vosdictes lettres à M^r le Chevalier del Pozzo, affin qu'il les fist tenir audict Camillo par quelqu'un de ses amis, et qu'il peust doresnavant servir de medium à vostre mutuelle correspondance. J'ay cependant fait faire une copie de la lettre de Mr Gassendi que j'ay envoyé al signor Scipione Chiaramonte, qui s'est maintenant retiré à Cesene, sa patrie, ayant laissé la lecture de Pise (3) que sa santé et ses longues années de septante-cinq ne luy permettent plus de pouvoir retenir, et puis il vouloit se mettre tout de bon à finir ses œuvres commencées, lesquelles sont tres excellentes, et entr'autres il m'a escript plusieurs fois avoir commencé une nouvelle Astronomie, laquelle il ne desire pas finir, qu'après avoir veu les Observations Celestes de Mr Gassendi, qu'il estime plus que nul autre. Il travaille maintenant sur une petite res-

---

(1) Camillo Gloriosi, dont il a été question dans la lettre IV et dans les lettres suivantes.

(2) Nous avons vu (note de la lettre IV) que P. La Sena mourut le 3 septembre 1636. Nous allons trouver un peu plus loin un charmant éloge de cet érudit qui fut un des meilleurs amis de Naudé.

(3) En d'autres termes, la chaire où il professait à Pise, où il lisait les auteurs en les expliquant.

ponse aux objections que luy avoit faites le s^r Camillo
Gloriosi en sa seconde Decade *Quœstionum Mathematico-*
rum. Mais auparavant que de vous parler d'autres nouvelles, je ne puis tenir celle de la mort de nostre bon seigneur Pietro la Seina, que je regrette d'autant plus que je
l'avois pour la vive image de M. Gassendi quant aux
mœurs et à la doctrine, au moins de celle qui appartenoit
à sa vacation (1), scavoir la jurisprudence, à laquelle il
avoit tellement à propos joint les belles lettres, qu'il s'en
servoit mieux et plus à propos que personne qui soit de ma
connoissance en Italie, et à cause de sa bonté signalée
j'avois cimanté avec luy une amitié tres estroite, et qu'il
m'a bien fasché de voir si inopinement separée. Il nous a
·laissé deux livres imprimés, et un qui l'est à demi; le premier fust le fruit de sa jeunesse, qu'il fit en vulgaire et en
forme de Miscellanées sur divers lieux des Poëtes recens et
antiens avec une critique tres judicieuse, et qui tesmoi-
gnoit desjà un grand scavoir; il fust imprimé in octavo à
Naples l'an 1616, et pour marque de sa bonté il le dedia
à son maistre. L'autre est le *Nepenthes Homericum seu*
de luctu minuendo imprimé à Lyon, et que vous aurés veu
indubitablement. Le troisiesme à demi imprimé est le *Cleom-*
brotus seu de iis qui in aquis moriuntur, que vous verrés
quelque jours (2), puisqu'il a chargé les s^{rs} Leo Allatius
et Gasparo de Simeonibus (3) de le faire achepver. Outre
ce il avoit encore achevé un'autre œuvre *de Gymnasio Nea-*
politano antiquo qu'il a laissé au Cardinal Brancaccio (4),

(1) Dans le sens aujourd'hui vieilli de profession, métier, occu-
pation principale.

(2) Ces divers ouvrages ont été mentionnés dans le texte et les
notes de la lettre IV.

(3) Voici la petite notice que l'on trouve sur lui dans le *Nau-*
dæana (p. 28) : « Gaspard de Simeonibus est un gentilhomme
d'Aquila qui était secrétaire du feu cardinal J... Il a 46 ans, et est
fort scavant homme : *multa scripsit.* »

(4) François Marie Brancacio, napolitain, nommé cardinal en
1634, mourut sous-doyen du Sacré Collège en 1635.

lequel, à ce que l'on dit, s'est declaré de le vouloir faire imprimer, de quoy neantmoins je doubte bien fort (1). On a fait son portrait après sa mort, et dit-on qu'on le mettra dans son *Cleombrotus* (2). En tout cas j'en fairai faire une copie pour mettre avec celle du pere Campanella, puis que ledit pere est venu à la fin à resipiscence, et s'est dedit ouvertement de tout ce qu'il pouvoit avoir dit ou escript contre moy, et ce en presence de Mrs Diodati et Gaffarelli, le premier desquels m'a escript distinctement comme le pere se dedisoit de tels et.tels points et s'expliquoit de telle et telle façon sur les autres especifiés pareillement en telle façon, que quand il ne s'en seroit suivi rien autre chose, je pouvois demeurer satisfait d'une telle confession dudit Pere enregistrée mot à mot par devant un homme de bien et si croyable comme est M. Diodati. Mais Mr Gaffarel a voulu encore et mieux faire de son costé par une lettre qu'il m'a envoyée escripte de la main dudict Pere, et pleine de tant de satisfaction, d'excuses et de protestations, que si je ne m'en contentois on auroit raison de me reprocher que je ne suis pas homme d'accommodement. C'est doncques une affaire finie, et en laquelle si je me suis porté avec un peu de passion et de ressentiment, c'est parce que si je n'y eusse procédé de la sorte, je n'en aurois jamais tiré cette satisfaction qui m'estoit absolument necessaire, et sans laquelle je vous avoüe que je n'eusse pas manqué de faire connoistre à tout le monde combien legerement ledict Pere m'avoit offencé; maintenant *omnia pacis erunt placida composta quiete*.

Après avoir longuement attendu les MSS. d'Urbin *de*

(1) Naudé avait tort de douter, car l'ouvrage parut à Rome en 1641 (in-4°) sous le titre que voici : *Dell' antico ginnasio neapolitano*. On le réimprima en 1683 à Naples.

(2) N'ayant pas eu l'occasion de voir un exemplaire du *Cleombrotus*, je ne puis dire si le portrait de l'auteur s'y trouve. Je sais seulement qu'en tête de l'ouvrage on a énuméré tous les travaux imprimés ou inédits de La Sena, liste donnée aussi par J.-J. Bouchard à la suite de la biographie de son demi-compatriote.

re militari, j'ay trouvé que c'estoit *Thesaurus Carbones* (1),
car il ne m'en est venu que cinq ou six d'Auteurs ja imprimés, excepté deux modernes de nulle consequence. Il
ne se peut faire qu'il n'y en ait davantage, mais celuy qui
en a la garde n'est pas capable de les connoistre, et moins
encore assés diligent pour les chercher. J'ay receu une autre
liste beaucoup meilleure des MSS. Grecs contenus en la
Librairie du Cardinal Barberin, laquelle m'a esté envoyée
sous main, et quoyqu'il n'y ait presque rien qui ne soit
dans la Vaticane, et autres Bibliotheques, j'ay neantmoins
cotté le tout dans mon Livre, où vous le verrés bientost,
Dieu aydant, avec beaucoup d'autres qui m'ont donné
grande peine à receuillir, ayant quasi fait une Bibliographie militaire. Nous devons commencer au premier d'octobre mon impression, laquelle, si l'imprimeur veut travailler, pourra estre achevée au mois de Fevrier entrant,
et tout aussitost je vous en envoyeray des copies. Je fais
estat qu'elle sera de cent feuilles ou peu moins.

Ayant faict parler sous main au s^r Holstenius pour avoir
quelque information de ces MSS. anciens *de re militari*
qu'il pouvoit avoir veus, il a respondu de n'en sçavoir aucun sinon ceux de la Vaticane compris et receuillis ensemble en un gros volume semblable et en tout et partout
à celuy qui est dans la Bibliothèque du Roy, et que qui a
veu l'un a veu l'autre. Touchant ceux de la Bibliotheque
Ambrosienne, vous aurés veu, Monsieur, par les lettres de
Son Eminence le peu d'esperance qu'il y a d'en pouvoir
attendre quelque secours, et il m'en deplaist infiniment,
mais ces M^{rs} la ne sont pas seuls qui preferent leur bien
particulier au public.

Mon *Syntagma* est tellement different du labeur de M^r
Saumaise que, quand bien il seroit maintenant imprimé,

---

(1) C'est le proverbe grec: *mon trésor s'en est allé en charbons*.
Voir sur ce proverbe une note sous une lettre de Guez de Balzac,
du 27 septembre 1643, dans les *Mélanges historiques*, 1873, in-4°,
imprimerie Nationale, p. 24.

je ne croy pas qu'il m'en peust revenir quelque advantage
signalé, et neantmoins si je le faisois imprimer à mes despens, j'attendrois volontiers la publication de l'ouvrage du
dit sʳ Saumaise ; mais Son Eminence me voulant gratifier
d'en faire la despence, je croy qu'il est plus seur de ne
pas differer à se prevaloir au plustost de sa bonne volonté.

J'ay souvent parlé avec Son Eminence de Mʳ Wendelinus ; Elle m'a confirmé tout ce que vous m'en escripvés,
et si maintenant il venoit en Italie, Son Eminence luy fairoit les mesmes advantages qu'elle luy promettoit à son
partir de Bruxelles (1), mais elle ne croit pas qu'il se re-
solve jamais de faire le voyage d'Italie, et bien moins de
Constantinople pour n'avoir aucune fermeté en ses actions,
ni resolution asseurée : il escripvit, l'autre jour, une lettre
Latine à un de nos Gentilshommes qui a un Canonicat à
Douay sur l'explication de ces paroles des Pseaumes : *Sal-
vabis, Domine, homines et jumenta et lebes spei mex*, laquelle ledict gentilhomme a faict imprimer en demi-feuille
de papier, et l'a envoyée en beaucoup d'endroits (2), ce que
je voudrois qu'il n'eust pas faict, estant trop peu de chose,
et troppo stiracchiata (3) pour faire honneur à un si docte
homme.

Des nouvelles je ne vous en puis guere dire à cause de
mon absence de Rome. J'apprens neantmoins que l'on y a
imprimé un gros commentaire in-folio sur les Pseaumes
faict par le Cardinal Gymnasio et publié à ses despens (4),
et que les Poësies du Pape sont de nouveau soubs la presse,

---

(1) Jean-François Bagni avait été nonce de Grégoire XV en
Flandre, avant d'être nonce d'Urbain VIII, en France.

(2) Cette plaquette si mince a-t-elle été conservée ? Je ne le
suppose pas, car M. Ruelens, qui a cherché avec tant de zèle, je
puis même dire avec tant de passion, tous les ouvrages et opuscules de son compatriote, n'a jamais rencontré la demi-feuille
dont l'existence nous est révélée par Naudé.

(3) Beaucoup trop tirée par les cheveux.

(4) Voir sur le cardinal Dominique Ginnasio et sur son commentaire la lettre déjà si souvent citée de Naudé à J. Dupuy (*Bulletin du Bibliophile* de décembre 1881, p. 530).

augmentées de beaucoup (1); que la Methode de lire et escripre l'histoire par Mascardi est finie et louée universe-lement à cause du stile qui est ce en quoy ledit Mascardi excelle principalement (2). On imprimera bientost une grammaire Persienne faite par un Gentilhomme Anglois, et le Pere Cesare Recupito, Jesuite, qui n'a pas mal tra-vaillé sur le Vesuve, fait imprimer à présent je ne scay quoy de Theologie Scholastique (3). Un certain Vincenzo Ricciardi, Neapolitain, publie encore certaines constitu-tions faictes à Rome sur les Eglises de Cypres au temps d'Alexandre IV Grecques Latines. Le Scioppius à Pa-doue (4) vouloit faire imprimer certain livret intitulé *Crassus* où il disoit mal de l'Empereur, mais il n'a peu avoir la permission. Il a depuis publié un autre petit opus-cule intitulé *Padia* sur le moyen d'estudier (5). Le Pere Thomasin a achevé sa *Cassandra*, laquelle je croy qu'il vous aura envoyée. Il travaille maintenant sur un recueil *de Votis et donariis* qui sera bien curieux, et auquel je croy, Monsieur, que vous le pourriés beaucoup ayder. Le Liceti a perdu son concurrent le s^r Giglioli qui est mort à Perouse; il ne scait encore s'il sera promeu à sa place, la-quelle il s'est resolu de ne point demander, despité de ce

---

(1) Les poésies du pape Urbain VIII ont eu de nombreuses éditions. On cite surtout celle de Rome (1631, in-fol.), celle de Paris (1642, in-fol.).

(2) *Dell' arte historica trattati V* (Rome, 1636, in-4°). L'opinion de Naudé sur le style de Mascardi a été partagée par tous les bons juges. Dans le *Naudæana* (p. 10) Mascardi est appelé « la meil-leure plume ou plutôt le Balzac d'Italie ».

(3) Jules-César Recupito, napolitain, né en 1581, mort en 1647. avait publié, en 1632, le *De Vesuviano incendio nuntius* (Naples, in-4°, réimprimé en 1633, in-8°, dans la même ville, et en 1639, à Louvain, in-8). L'autre ouvrage indiqué par Naudé doit être la *Theologia*. La première partie parut à Rome, en 1636, la seconde à Naples, en 1642.

(4) Sur Scioppius à Padoue, voir la lettre de Naudé à J. Dupuy (*Bulletin du Bibliophile* de décembre 1881, p. 537).

(5) *Consultationes de Scholarum et studiorum ratione*, etc. (Pa-doue, 1636, in-12).

qui s'estoit passé desjà à la mort de Cremonin, auquel il debvoit par toutes raisons du monde succeder. Je ne scay neantmoins s'il l'emportera, parce que les Venitiens sont terribles, et ne se soucient de personne, ayant encore autrefois traitté plus mal le Mercuriale, le Galilei, et le Santorio qui se partirent tous desgoutés d'eux et despités au possible, comme a fait aussi le s^r Camillo Gloriosi, de façon que je crains bien fort qu'il ne luy en arrive le mesme, si ces affaires presentes ne l'obligent de desdier le Livre qu'il a soubs la presse en response au Giglioli, qui sera de près de 80 feuilles. Il m'a promis de vous le presenter, et j'en apprendray des nouvelles par ses premieres, lesquelles il n'y a de longtemps que je n'ay receues. Mais je ne m'aperçois pas qu'en allongeant ainsi ma lettre, j'augmente aussi la peine que vous avés à la lire. C'est pourquoy je la finis avec mes protestations ordinaires d'estre à jamais, Monsieur, vostre, etc.

De Rieti ce 20 septembre 1636 (1).

XI.

Monsieur, depuis la precedente escripte du 23 septembre, j'ay receu le pacquet qu'il vous a pleu m'envoyer, contenant les lettres pour ces Mrs de Padoüe, auxquels je ne manqueray de les envoyer samedy prochain; il y avoit aussi mon Traité de Acia duquel je vous remercie. M. le Cavalier del Pozzo qui m'a envoyé vostre dit pacquet m'a donné advis par mesme moyen qu'il avoit donné vos lettres et celles de M. Gassendi pour le s^r Camillo, à Mr Bouchard qui tient particulierement correspondance avec luy depuis son voyage de Naples (2):

(1) Bibliothèque Méjanes, collection Peiresc, t. VIII, f° 14. Copie.

(2) Ce voyage de Naples a été raconté par J.-J. Bouchard d'une manière fort intéressante. Voir la vive analyse qui a été donnée du

en cette façon vous aurés encore doresnavant un bon entremetteur pour traitter avec ledict s^r Camillo. Mr Licetus m'escript qu'il est aprés pour conclure avec la ville de Boulogne le party qu'elle luy presente de sa premiere lecture de Philosophie, à laquelle neantmoins il n'auroit pas consenti si facilement, si la Republique ne luy en avoit donné occasion en luy refusant le lieu de Cremonin pour le donner au Giglioli, sous pretexte que le dict lieu se doibt tousjours donner à un estranger, et que le s^r Licetus estant marié à Padoüe et y habitant depuis plus de vingt-quatre ans, il doibt passer pour *Padovano*, et non pour *Forestiero*. Je suis infiniment aise que à l'heure de son despit, cette bonne occasion se soit presentée pour tesmoigner aux Venitiens qu'ils le debvoient mieux traiter, car leur Academie demeurera sans aucun subject de grand renom, le s^r Vecchi, qui estoit un fameux lecteur de droit, les quittant aussi pour aller à Sienne servir le Grand Duc, son naturel Seigneur, et ils ne sçauroient d'où faire venir d'autres Lecteurs qui ayent quelque renom.

Si vous aviés dans vostre Bibliothèque quelques MSS. modernes ou vieux, Latins ou en autres langues *de Arte Militari*, vous me fairés grand plaisir de m'en envoyer la liste, et je croy qu'elle viendroit encore assés à temps pour estre inserée avec les autres.

Si vous pouviés, Monsieur, porter Mr Gassendi à faire imprimer sa lettre à Mr Wendelinus (1), je croy que le public en recepvroit un tres grand profit, en attendant ses autres observations, lesquelles il pourroit peut estre faci-

---

manuscrit par son futur éditeur, M. L. Marcheix, sous-bibliothécaire de l'Ecole nationale des Beaux-Arts, dans une note qui suit le testament du narrateur. (*Deux testaments inédits. Alexandre Scot*, 1616. *J.-J. Bouchard*, 1641. Tours, 1886, p. 8).

(1) Naudé veut parler problablement du document intitulé : *Solstitialis Altitudo Massiliæ, seu proportio gnomonis ad solstitialem umbram observata Massiliæ anno 1636, pro Wendelini voto.* Ce morceau ne fut imprimé qu'en 1651 (La Haye, in-4) : on l'a réimprimé dans les œuvres complètes (Lyon, 1658, t. IV, in-fol.).

lement publier les unes apres les autres par de semblables lettres, lesquelles il seroit par après facile de recueillir et de faire imprimer toutes en un volume.

Son Eminence ayant retrouvé parmi certains papiers les presentes observations (1), elle me les a données sans me pouvoir dire quand et par qui elles luy ont esté envoyées. Je ne croy pas qu'elles vous puissent servir, vous verrés ce que c'est.

Je suis, Monsieur, vostre, etc.

Gabriel Naudé.

De Rieti, ce 22 septembre 1636 (2).

XII.

Monsieur,

Encore que je sois maintenant à Rome, c'est neantmoins avec l'impuissance de vous y pouvoir servir et aussy mes autres amis à cause de l'assiduité qu'il me fault rendre à nostre cortége (3) et des continuelles occupations que me donne l'impression de mon Syntagma, laquelle n'est pas encore commencée non obstant toutes mes diligences qui sont traversées par certaines personnes qui se veulent maintenant ressentir de l'affection que j'ay portée au père Campanelle. Je verray samedi à quoy ils me reduiront, et s'ils me donnent la permission, trois jours après je commenceray de faire rouler il torchio (4) avec obligation à l'im-

(1) De defectu ecliptico solis qui totus fere obscurabitur præsenti anno 1636 die ultimo Julii, sed Romæ conspicietur die primo Augusti in ortu ejus solis, Neapoli vero pavlo prius cum sit Orientalior. Progressus autem Eclipticus erit ut inferius denotatus habetur.

(2) Bibliothèque Méjanes, collection Peiresc, t. VIII, fol. 16. Copie.

(3) Nous avons déjà vu que c'est une expression italienne qui signifie cour.

(4) C'est-à-dire la presse.

primeur de m'en donner une feuille et demie par jour, ce qu'il fera facilement puisque le père Ginnasio en avoit deux de son commentaire sur les Pseaumes qu'il a commencé à l'aage de 70 ans et Isaie à celuy de 84, en deux gros volumes in-folio qui seront peut estre mieux receus en France que icy ou l'envie ne pardonne à rien tant élabouré soit-il. Tesmoing les Censures que l'on faict de la Methode historique de Mascardy qui me semble un très bon livre. Le Pere Kircher a publié enfin son prodromus avec l'inscription du mont Oreb (1). Peut estre parceque vostre advis de ne la pas mettre ne luy sera pas arrivé assez à temps. Mais en effect elle est fausse et je ne croy pas que Monsieur Gassendi en juge aultrement. Mais on n'en scauroit pas dire les causes en ce païs non plus que de beaucoup d'autres choses qui ne sont pas plus solides. Le Clombrotus du deffunct sieur de La Seine est presque achevé d'imprimer. Il y aura sept ou huit figures de bas reliefs avec le portrait de l'auteur, et celuy la achevé, le cardinal Brancacche mettra soubs la presse un aultre livre assez gros du mesme, escript en vulgaire, Del Ginnasio Napolitano antico qui est une bonne pièce. Monseigneur Sacrista appelé Fortunato Scaccho faict imprimer le troisiesme livre Sacrorum Eleochrysmatum ou il traite de l'onction des Roys et est arrivé à la moitié, et ce volume achevé, il passera aux deux autres qui restent, scavoir le quatre et le cinq (2). Le mesme fairoit imprimer à Lyon un œuvre de Canonisatione Sanctorum s'il avoit treuvé libraire de bonne volonté. J'ay aussi esté prié d'un père dominicain nommé Celse, compagnon du Maistre du Sainct

---

(1) Inscription apocryphe dont il a été question dans une précédente lettre.

(2) Ces deux derniers n'ont jamais paru. Voici le titre exact du savant ouvrage de Fortunato Scacchi : *Sacrorum Elæochrismatum Myrothacium 1ᵐ* (Rome, 1625); 2ᵐ (1627); 3ᵐ (1637), in-4°. Les trois livres ensemble, Amst. 1701. (Niceron, t. XXI, p. 193). Scacchi était alors *sacrista del palazzo apostolico*.

Palais, et lecteur en Sapience, de scavoir par le moyen de
mes amis si quelque imprimeur de ladicte ville voudroit
travaillier sur un sien livre de Fide, Spe et Charitate
lequel il voudroit vous envoier avec le Georgius Acropolita del Signore Allatio qui sera bien tost en estat de se
mettre en chemin. Et si les libraires en vouloient, ils ne
manqueroient pas de besogne avec luy, car il a un grandissime nombre d'autres autheurs à publier. Les Epistres
de Socrate sont presque faictes chez Brancosto et Monsieur
Moreau lui a promis de faire imprimer nn traicté du
mesme de mensura temporum qui est extremement docte
et curieux; il vous baise, monsieur, tres humblement les
mains et vous recommande de nouveau son Georgius Acropolita. Le Père Thomasius de Padoue travaille sur un
gros livre De Votis et donariis antiquorum (1). Chascun
luy envoie d'icy ce qui lui peut servir en ceste matiere.
Si vous aviés parmy vos antiques quelque chose curieuse
à ce subjet, vous l'obligeriés beaucoup de luy en envoier
le desseing et il n'oublieroit pas de dire de qui il l'auroit
eu. Le seigneur Liceti a deux livres soubs la presse desquels il m'escrit vous en avoir destiné un. On le veult
avoir à Bologne, mais je ne scay s'il y aura moyen qu'il
quitte Padoue. Le seigneur Rhodio ne faict point imprimer
son Acia sans que je puisse dire pourquoy veu qu'elle est
achevée il y a longtemps. Sed quisque suos patitur manes.
Le Scioppius est à Padoue ou il a persuadé aux Venitiens
de faire un Collège des nobles de celuy que tenoient autresfois les Jesuites à Padoue et il y faict aussy imprimer
certains petits livrets ou, aiant pris le nom de Comes a
Claravalle (2), ses ennemis ont imprimé certain petit

---

(1) *De donariis ac tabellis votivis liber singularis,* 1639, in-4. Ce
traité a eu l'honneur d'une réimpression dans le tome XII du *Thesaurus* de Grævius.

(2) J'ai eu l'occasion de rappeler (*Bulletin du Bibliophile* de
décembre 1881, p. 538) que Naudé, écrivant à Scioppius, adresse
sa lettre « *Illustrissimo comiti a Clara Valle* », et j'ai renvoyé mon

livre des Merveilleuses vertus de l'électuaire dispensé à Padoue, per il comte da Claravalle. Je vous envoié il y a quelques mois deux exemplaires reliés de certain livre de Messer Pellegreni del modo di vivere in corte desquels il y en avoit un pour vous et l'autre pour Messieurs du Puy lesquels je ne scay si vous aurés receus à cause de la difficulté des passaiges. Je treuvé hier à une imprimerie avec la presente qui ne remplira pas beaucoup vostre pacquet. Je ne scay quels des nouveaux vous envoier, parceque Monsieur le cardinal Barberin vous les envoie tous à ce que l'on me dict. C'est pourquoy je suis forcé d'attendre en cela vos commandements. J'envoyé l'autre jour le Mercurius in sole visus de Monsieur Gassendi al signor Chiaramonte de Pesene qui est grandement passionné pour de semblables observations afin de fonder sur icelles sa nouvelle Astronomie. Il imprime maintenant je ne scay quoy contre Camillo Gloriosi qui a faict responce à la vostre, suivant que me dict M. Bouchard. Je vous prie de rechef me vouloir envoier la liste des manuscrits que vous avés tant grecs que latins et anciens que modernes de Arte Militari, afin que je les puisse inserer avec les autres que j'ay recueillis assez diligemment. Si mon livre s'imprime icy, cela m'obligera d'y demeurer quelques mois après le Patron eminentissime, pendant lesquels j'auray meilleur moyen de vous escrire et de vous tesmoigner que je suis,

    Monsieur,

Vostre tres humble, tres affectueux et obligé seruiteur,

                      Gab. Naudé (1).

De Rome, ce 12 décembre 1636.

---

lecteur, au sujet du titre de comte apostolique de *Claravalle* donné par le Pape Clément VIII au pamphlétaire abjurant le protestantisme, au *Dictionnaire critique* de Bayle (article Scioppius), lequel article est ici complété par les récits du correspondant de Peiresc. Conférez le *Naudæana*, article *Scioppius*, p. 100-101.

(1) Bibliothèque Nationale, fonds français, vol. 9544, fol. 114.

XIII

Monsieur, je vous supplie instamment de faire tenir la presente à M. Gaffarel et de l'accompagner d'un petit mot de vostre main par lequel vous lui disiez que vous estes informé pleinement de mon differend avec Campanella et que vous l'asseurez que j'ay raison et le priez luy avec Monsieur Diodati conjoinctement moyenner quelque chose de satisfaction dudict Pere (1).

XIV.

Monsieur, depuis nostre résidence de Rieti (2), je n'ay pas eu grand subject de vous escripre à cause du peu de curiosités qui s'y trouvent, et beaucoup moins qu'en la plus petite ville de la Romagne ; aussi voyés-vous comme je m'acquitte negligemment de ce debvoir auquel je ne manquerois pas de satisfaire plus souvent si j'avois de quoy vous entretenir suivant vostre humeur et merite ; et en effet depuis ma derniere, excepté les responses que j'ay eu de mes amis touchant l'observation de l'Eclypse, il ne

Autographe. La présente lettre est suivie d'une liste récapitulative des ouvrages y mentionnés ; je juge inutile de la reproduire.

(1) Bibliothèque Nationale, fonds français, vol. 6944, petite bande de papier après le fol. 108. Autographe. Le billet n'est ni signé ni daté. A cause de cette dernière circonstance je le place à la suite des lettres régulièrement datées. Comme il a été souvent question, dans les lettres que l'on vient de lire, de Gloriosi et de Gassendi, je donne ici la traduction due à M. Léonce Couture d'un billet en italien adressé à Peiresc par le premier de ces astronomes et où figure le second, billet autographe conservé dans le volume 6944, (fol. 108) : « Très honorable Monsieur, j'ai reçu le relevé des observations de l'éclipse de lune de l'an passé fait par Gassendi, homme très exercé et entendu en ces affaires. Votre Seigneurie en

m'est survenu autre chose de nouveau que je vous puisse
maintenant escripre. Celuy doncques à qui j'en avois escript pour Naples, qui est le Sr Pietro de la Seina, m'a
asseuré qu'elle avoit esté observée tres diligemment par
le Sr Camillo Gloriosi, lequel se transporta pour cet effet
au lieu le plus eslevé de Naples qu'il nomme Pizzo Falcone.
Quant au sieur Leone auquel j'avois escript pour Rome
au nom de Son Eminence, je luy envoyay, l'autre jour,
diverses observations faites par le pere Incolfer (1), le P.
Griembero, et un autre qui n'a pas voulu publier son nom,
lesquelles Son Eminence m'a dit de vous avoir envoyées.
Le dit Sr Leone a promis d'envoyer encore celles de l'Argoli de Padoüe, et d'un autre de ses amis de Rome, sitost
qu'elles seront arrivées. Vous pouvés croire que l'on ne

demande mon jugement : je lui dirai que ce sont là choses *de facto*
où il n'y a pas de démonstrations. Je pensais pourtant qu'il paraî-
trait plus d'observations diverses, vu l'apprêt considérable qui
s'était fait, tandis qu'il n'en a paru que sept, savoir: Alep en Syrie,
Le Caire, en Egypte, Naples, Rome, Digne, Aix, Paris. Toutes
ces observations, faites au moyen de montres et autres instruments,
sont suspectes : il est nécessaire qu'on les corrige comme je vois
qu'a fait Gassendi. La plus défectueuse me paraît celle de Rome ;
en toutes je trouve une concordance : que la lune était dans l'ombre,
avec peu de différence. Je ne laisserai pas de vous dire qu'il me
déplait d'être mentionné autrement que je ne signe dans mes
œuvres : je signe Joannes Camillus Gloriosus ; ici je me trouve
écrit Camillus Gloriosi ; je ne sais si c'est la faute de Gassendi
ou de celui qui a fait les copies. Peut-être que ce surnom de Gloriosus leur déplait ! ». Cette dernière phrase est bien d'un *Glorieux!*

(2) La présente lettre porte une date inexacte, puisque, le *28
septembre 1636*, on y mentionne comme plein de vie Pierre de la
Sène qui était mort depuis le 3 dudit mois, décès du reste annoncé
par Naudé à Peiresc le 20 septembre (voir document n° X); je me
décide à la mettre hors de rang. Peut-être a-t-elle été écrite le
28 septembre 1635 et le copiste a-t-il mal fait le dernier chiffre.

(1) Melchior Inchofer, né à Vienne en Autriche vers 1584, entra
dans la Compagnie de Jésus en 1607, fut longtemps professeur à
Messine et mourut à Milan en 1648. Voir dans le *Naudœana*
(p. 89) une historiette à propos de l'opuscule d'Inchofer intitulé :
Veritas Vindicata. Conférez la *Bibliothèque des écrivains de la
Compagnie de Jésus* (t. II, in-fol. col. 237).

perdra point de temps à en faire le mesme. Et, puisque
nous sommes sur le subject du Sr Leone Allatio, je vous
diray, Monsieur, qu'il m'escript par le dernier ordinaire
qu'il avoit trouvé un exemplaire de Georgio Acropolita
quatre fois plus ample que celuy publié par le Douza, et
qu'il estoit maintenant après à le traduire et accompagner
de ses animadversions, ce qu'estant faict, il ne manque-
roit de vous envoyer son Manuscript pour le faire imprimer aux Libraires de Lyon, ou ailleurs, suivant que bon
vous sembleroit, moyennant neantmoins qu'il fust asseuré
auparavant que vous ne trouveriés pas mauvais qu'il prit
cette hardiesse, et aussi qu'il fust certain que vous en
acceptiés et agréeriés la dédicace. Je luy ay répondu par
advance que son dessein estoit bon, et qu'encore bien que
je me doubtasse de quelque difficulté pour cette dédicace
à cause de la severe reprimande que vous me fistes de la
mienne qui n'estoit qu'une bagatelle (1), neantmoins j'em-
ployerois plustot l'authorité de Son Eminence que cela
empesche le Public d'avoir une si bonne pièce. Or, Monsieur, puisque je suis ainsi engagé de parole, je vous supplie de ne point permettre que ce soit en vain, et de vouloir accepter ledit Livre du Sr Leone, lequel ne vous donnera
autre peine que de le conserver en vostre estude (2), jusques à ce que vous ayés disposé et persuadé quelque
Libraire de le mettre soubs la presse : il a faict la mesme
requeste envers Mrs du Puy pour les Epistres de Socrates,
et ils la luy ont accordée librement, et le Livre mesme
est déjà en chemin pour Paris, où M. Cramoisy a promis

---

(1) Naudé avait blessé l'extrême modestie de Peiresc en lui dédiant en ces termes la troisième de ses dissertations médico-phi-
lologiques : « *Ad nobilissimum virum dominum D. Peyrescium, in
Aquensi curia Senatorem integerrimum, Abbatem Guistrensem vigi-
lantissimum, optimum eruditissimumque litteratorum omnium Me-
cenatem.* En plusieurs passages de sa correspondance, Peiresc
manifeste un vif effroi des épîtres dédicatoires.

(2) Bibliothèque, cabinet.

de l'imprimer (1), et depuis peu on luy a envoyé sa paraphrase de Proclus sur Ptolemée imprimée Grecque et Latine à Leiden (2), par la recommandation *dell' ill[ustrissi]mo Molino.* Cela est cause qu'il espere la mesme grace de vous, et moy pareillement qui vous supplie de tout mon pouvoir de l'en vouloir favoriser. C'est le meilleur subject qui soit aujourduy à Rome, et s'il n'est connu pour tel, c'est que ses livres ne sont pas imprimés, au moins les meilleurs, comme, par exemple, son premier volume de *Miscellanea* qui est maintenant à Paris entre les mains de M. Mordan (3), et si celuy là estoit imprimé, il en pourroit faire suivre neuf autres, et restituer par ce moyen plus de quatre vints ou cent petits Auteurs Grecs, ce qui seroit une belle chose, à mon advis, et de grande utilité pour le Public.

Pour les autres nouvelles de Rome, celles d'aujourduy portent la mort del Brioni, Poëte Italien assés fameux (4), quoyque fort frippon, si ce que l'on en dit maintenant est vray, et entr'autres, qu'il aye emporté huit mille escus à diverses personnes, auxquelles il donnoit à entendre que le Cardinal d'Este, son maistre, seroit infailliblement pape, *sed nemo sine crimine vivit;* et reservé cela, il estoit assés renommé en sa vacation. Ledict Sr Cardinal d'Este tient encore chés luy un autre subject, lequel j'ay tousjours beaucoup plus estimé que le Brioni ; il est Gentilhomme de l'Aquila, et se nomme Gaspard de Simeonibus ;

---

(1) *Socratis, Antisthenis, Aristippi... et aliorum socraticorum Epistolæ. Græce et latine cum notis et dialogo de Scriptis Socratis* (Paris, 1637, in-4°).

(2) *Procli Diadochi Paraphrasis in Ptolomæi Tetrabiblon, seu libros IV de siderum affectionibus, græce et latine* (Leyde, 1635, in-8°).

(3) Je disais, en 1881 (*Bulletin du Bibliophile*, p. 536, note 4) : « Je ne connais pas M. Mordan ». Cinq ans plus tard, j'ai le regret de déclarer que je ne le connais pas davantage.

(4) Il n'est pourtant pas même nommé par Tiraboschi. Faut-il lire *Briani ?*

sa profession est de belles lettres, mais neantmoins mes-
lées de la Jurisprudence et Théologie. Il fait peu de chose,
mais tres bien, et *totus est in Cicerone, et aliis bonis auto-
ribus.* Le S*r* Pietro della Seine, qui n'est encore de retour à
Naples, travaille à une *Diatriba de iis qui in aquis moriuntur,* de laquelle je ne vous diray rien davantage presupo-
sant que M. Bouchard vous en doibt escripre à tous les ordinaires, d'autant qu'ils sont tousjours ensemble et fort
bons amis.

De Padoüe j'attends des exemplaires de deux Livres du
R. Pere Thomassin, sçavoir de son Tite-Live et du Petrarque. Sitost qu'ils seront arrivés à Rome, j'en fairay mettre
des copies entre les mains de M*r* de Bonaire pour vous
estre envoyées par la premiere commodité. Le Liceti a
achevé d'imprimer quatre livres différens, partie à Udine,
partie à Padoüe, et d'iceux il y en a un desdié à M*r* Moreau, sçavoir certains dialogues des personnes métamor-
phosées desquels je ne comprens pas bien encore le subject; l'autre à M*r* Gaffarel, sçavoir la response aux invec-
tives de Castro ; le troisiesme à Colicola, qui est *de duplici
calore* contre certain medecin de Florence nommé Narni
ou Nardi, lequel en un sien Livre *de Sero et lacte* avoit
escript contre cette opinion de Liceti; et le quatriesme
dedié au Baron Herbert d'Angleterre est intitulé *Analogia
mundi et hominis* (1). Si vous les désirés avoir, il ne
faut que me nommer quelqu'un à Venise entre les mains
duquel l'Auteur en puisse mettre les copies suivant l'advis
que je luy donneray de le faire.

Pour moy, je suis toujours après mon *Syntagma de
Studio militari,* qui ne sera pas moins gros que mon
Apologie ; j'y mettray le plus de doctrine qu'il m'est pos-
sible, mais neantmoins j'ay tousjours choisi celle qui est

_____

(1) Le premier, le troisième et le quatrième de ces ouvrages de
F. Liceti sont catalogués par Niceron (t. XXVII, p. 387), sous les
n*os* 29, 30, 28.

propre au subject et à la façon que je le veux traicter,
laquelle n'a rien de commun avec les critiques, estant en
tout semblable à celle de l'autre *Syntagma de studio liberali.*
Je ne croy pas en pouvoir sortir que dans six sepmaines.

De Mr Gassendi et de la philosophie Epicurienne, il y
a fort longtemps que je n'ay point entendu des nouvelles.
Je croy qu'il s'est oublié de moy, et je ne voudrois pas
qu'il eust intermis (1) un si beau labeur, depuis son
entreveüe avec le bon pere Campanella, duquel j'ay bien
appris des nouvelles par les lettres qui vous a pleu
me communiquer, et, pour vous en parler librement,
j'avoüe que la première lecture que j'en fis, je demeuray
saisi plus d'une demi heure à cause des belles excuses
qu'il a forgées à mes dépens pour se justifier et je vous avoüe
que l'envie me vint bien forte de rompre totalement avec
luy, et de luy bien river son clou (2) ; mais peu après con-
siderant ce que j'avois fait pour luy jusques à cette heure,
qu'il n'estoit à propos de perdre, et principalement mon
Panégyrique (3), et aussi qu'il n'auroit jamais escript telles
choses s'il se fust persuadé qu'elles avoient [chance] de
tomber entre mes mains, j'ay mieux aimé ignorer ce qu'il
n'estoit pas bon de témoigner que je sceusse, et comme il
ne m'avoit chargé de telles choses qu'envers vous, Monsieur, puisque au moins je ne présupose pas qu'il aye esté
si malicieux que de dire et faire le mesme envers d'autres de mes amis, qui en effet ne m'ont jamais escript, ni
adverti de ses lamentations qu'en général, j'ay creu aussi
qu'il ne falloit plaider cette cause devant autre juge que
celuy qui en estoit le premier en prevention ; et puis, en

(1) Interrompu. Nous avons perdu *intermettre*, mais nous avons
gardé *intermission.*

(2) Littré donne de l'expression *river son clou* deux exemples
postérieurs, un exemple tiré du *Virgile travesti* de Scarron et un
exemple tiré du *Distrait* de Regnard.

(3) Nous avons déjà cité le discours en l'honneur d'Urbain VIII
protecteur de Campanella (*Panegyricus dictus Urbano VIII*, etc.).

effet, je croy que tout cela vient plustost de la simplicité
du bon Pere, que de sa malice, d'autant qu'en l'espace de
quinze mois entiers, que je l'ay pratiqué à Rome, j'ay
reconneu tellement ce qui estoit de sa nature et façon de
faire que la mienne mesme ne m'estoit pas mieux conneüe.
Or, Monsieur, pour vous la crayonner en deux mots, vous
pouvés croire qu'à l'ordinaire des autres philosophes, elle
est totalement différente de la doctrine qu'il professe en
ses Livres et escripts, c'est à dire fascheuse et despiteuse
dans les moindres difficultés, impatiente ès plus légères
maladies que l'homme puisse avoir, et nullement accorte
ni entendüe dans les affaires du monde ; et je vous asseure
que toutes ces qualités sont si véritables en luy, que lors
de mon arrivée à Rome, je ne fus jamais si estonné que
de voir une vie si peu correspondante à l'opinion que nous
avions de luy en France, et aux escripts Philosophiques
qu'il publioit tous les jours, mais cet estonnement s'ac-
creust bien davantage, lorsqu'en le touchant au doit, je
reconnus qu'il y avoit de l'imposture manifeste dans ses
escripts ; et qu'ainsi ne soit vous vous en pouvés esclaircir
en le priant de vous dire sincerement s'il est vray qu'il
aye jamais parlé au Diable comme il dit en son Traité *de
Magia naturali,* lequel est sur la fin *de sensu rerum,* car
s'il vous dit que si, je luy sauray bien faire souvenir qu'il
m'a avoué le contraire ; mais donnons encore cela à sa
simplicité, puisqu'il n'y a homme qui croye si facilement
que luy toutes sortes de contes qu'on luy puisse faire, et
qui examine les choses qu'il croit estre *de facto* avec moins
de jugement, comme les exemples fabuleux qu'il apporte
en sa Medecine le donnent assés connoistre ; et disons que
nonobstant un si grand changement que je rencontré en
luy touchant la perfection morale dont M. Diodati me
l'avoit toujours vanté pour en estre le vray original, je
demeuray neantmoins estonné de l'avoir trouvé plus docte
et universel que je ne m'estois jamais sceu imaginer ; et
pour ce excusant tous les defauts de ses mœurs sur ce qu'il

n'estoit pas obligé de faire davantage que les autres Philosophes que ne vivoient jamais de la façon qu'ils vouloient
faire vivre les autres, je renouvellé tellement l'affection
que j'auois conceuë pour luy dix ans auparavant, que ne
manquant jamais de le voir deux ou trois fois la sepmaine,
et de le preconiser (1) par toutes les Compagnies de Rome,
et preferer au Maistre du Sacré Palais qu'il s'estoit fait
ennemi de gayetté de cœur, je fus enfin appellé le *Campa-
nellista*, et cette opinion est si bien demeurée en la Cour
de Rome que, lors de sa retraite en France, on escripvit à
Son Eminence lorsqu'elle estoit encore en Romagne que
l'on disoit publiquement que c'estoit un de ses Gentilshommes nommé Naudé qui en avoit esté le principal ins-
trument, et que cela lui portoit grand préjudice à cause
des Espagnols ; et pour ne vous point attedier (2), je passe
par dessus trois ou quatre autres preuves signalées et rui-
neuses pour moy de la grande affection que j'ay tesmoignée
audict Pere, et vous diray que m'estant ainsi rendu familier
avec luy, je le priay au lieu de rompre, ou jetter les minut-
tes et brouillons de ses escripts il me les donnast, d'autant que j'avois envie de les conserver, comme aussi de toutes les paperasses desquelles il ne tenoit plus de compte, et
ainsi il commença de me donner les minutes de beaucoup
de lettres, la plupart desquelles je luy faisois escripre en ma
presence ou à vous, Monsieur, ou à Mr Diodati, ou à d'autres de ses amis, et mesme au Cardinal de Richelieu,
l'excitant tousjours d'en faire quelqu'une quoyque bien
souvent sans necessité, et ce seulement pour le faire travailler, et tirer ses conceptions sur le papier, d'autant
qu'elles me sembloient et estoient certainement excellentes ;
puis il me donna deux ou trois traités entiers et complets,

---

(1) *Préconiser*, dans le sens de louer excessivement, était alors
une expression nouvelle. Littré n'a trouvé le mot que dans des
écrivains du xviiie siècle, Du Cerceau, Diderot, La Harpe.

(2) *Attédier*, de l'italien *attediare*, importuner, ennuyer.

lesquels neantmoins il n'avoit nulle envie de faire imprimer, sçavoir un *Dialogue en Italien contre les Luthériens* et
le *Compendium de sa Philosophie*, qu'il avoit autrefois
dicté à son serviteur, et depuis faict imprimer en meilleur
ordre sous le nom de *Prodromus* : mais, outre cela, il me
donna deux Traittés fort jolis, et avec intention que je les
fisse imprimer quelque jour, lorsque je serois en païs de
liberté qui est à dire en France, car c'estoit les mots propres
qu'il me disoit : de plus, je le priay de me dicter sa Vie,
d'autant que j'avois envie de la mettre en bon ordre, et il
me la dicta luy mesme tout au long ; puis pour ne point perdre le temps, je luy demanday un Traitté de *Libris propriis*, et son jugement sur les principaux Auteurs, et il me
dicta tout cela *Stans pede in uno*, et, s'il faut ainsi dire,
alla peggio, d'autant que luy ni moy ne relisions jamais ce
qui estoit une fois escript ; et cela est en vérité tout ce que
j'ay jamais eu, ni pretendu du bon Pere.

Maintenant, Monsieur, pour respondre à toutes ses calomnies, il m'accuse premierement d'avoir pris les originaux
de tous ses opuscules, sous ombre de les faire imprimer,
qua fronte hæc dicat nescio. Je vous viens de nommer
tous les opuscules que j'avois de luy ; s'il m'en a donné
d'autres, je le despite (1) de vous en envoyer le Catalogue,
et de vous dire foy de prestre s'il a jamais eu intention
que d'autres s'imprimassent que les deux opuscules *de
Titulis* et *de Libertate Romana*, lesquels ne fairoient pas
ensemble neuf ou dix feuilles d'impression ; et si quand je
les pris, je ne luy declaray pas que je ne pouvois les faire
imprimer que lors de mon retour en France. J'ay doncques
eu de ses brouillons et paperasses qui consistent en un gros
in-4° où il traite des *Arts liberaux*, de l'*Histoire*, etc.,
que je n'ay jamais eu en ma possession, non plus qu'aucun autre de ses escripts d'importance. Il adjouste que

---

(1) *Sic.* Faut-il remplacer cet inexplicable mot par *défie*, dont le
sens est, au contraire, si naturel en cette phrase ?

j'ay empesché que ses opuscules ne s'imprimassent, et le subject qu'il a de planter cette bourde (1) est fondé sur ce que, lorsque j'estois en Romagne, il me demanda son Traité *de Titulis* pour le faire imprimer à Iessy (2) ; je luy respondis qu'il m'excusast de ce que je ne le pouvois faire, d'autant que ledict Traitté estoit dans mes quaisses à Rome, d'où personne ne le pouvoit tirer que moy mesme, et que d'y aller exprès, je ne croyois pas que luy mesme le jugeast à propos, puisque je ne le pouvois faire à moins de vint escus de despense et de trois sepmaines de temps à l'aller et au venir, et qu'en tout cas je m'offrois pour ne luy point prejudicier à cette occasion, laquelle toutefois ne meritoit pas le parler, de l'envoyer à Paris lorsque je serois de retour, et l'y faire imprimer à mes depens, puisqu'il n'estoit question que de trois ou quatre feuilles d'impression : neantmoins il redoubla ses plaintes, et adjoustant tousjours que je luy envoyasse le Traitté *de Titulis*, comme si je l'eusse eu dans ma poche, je ne pouvois que luy respondre comme auparavant, de quoy il se piqua à la fin tout de bon, et ne m'escripvist plus du tout, suivant la qualité que je vous ay dit estre en luy de se fascher et despiter de la moindre fascherie qui luy arrive, comme il a fait mille fois à Rome en ma presence.

Le second blasme qu'il me donne est que j'ay faict le Panegyrique au Pape *ajutato da lui*, et que neantmoins que je ne l'ay jamais voulu presenter. Demandés luy, Monsieur, je vous prie, qu'il vous dise en quoy il m'a aydé en la composition dudict Panegyrique, et vous reconnoistrés soudain la vanité du personnage, puisqu'il n'aura pas la hardiesse de vous dire qu'il m'y aye servi en autre chose, sinon que parlant de luy et de sa prison, j'ay suyvi les informations qu'il m'en avoit donné en sa vie, ce qui ne

(1) C'est un jeu de mots, *bourde* voulant dire à la fois dans l'ancien langage *bâton* et *mensonge*.

(2) Lisez *Iesi*, nom d'une ville de la province d'Ancône.

merite pas, à mon advis, de se vanter d'avoir part en la
composition de cette piece, sinon materiellement ; mais je
voy bien où son intention butte et vous le descouvrirés
aussi par la suite de cette lettre.

Quant à la publication qu'il dit que je n'ay pas voulu
faire, il s'est porté si goffement (1) aux moyens que je luy
ouvrois de le faire agreer au Pape, que c'est sa pure faute
et non pas la mienne s'il n'a esté presenté, et vous verrés
par l'incluse que je vous envoye de quelle façon il m'en
parle encore maintenant, et si c'est avec ces belles informations là que les affaires se font ; aussi estoit-il besoin à
Rome que deux siens serviteurs le conduisissent comme
un enfant en tout ce qu'il debvoit faire, et luy fissent quel-
quefois des reprimandes terribles pour avoir mal traitté ou
agi avec le tiers et le quart, quand il parloit de ses affaires
et interests (2). Mais pour vous prouver, Monsieur, que
j'ay faict tout ce que j'ay peu pour faire voir au Pape cette
petite composition, c'est que, contre la deffence expresse
de Son Eminence, je me suis adressé à Colicola et au
cavalier del Pozzo, dont le premier m'a dit absolument qu'il
ne croyoit pas que le Pape l'eust agreable, et l'autre ne
m'a rien voulu respondre ; et puis quand je luy suppri-
merois tout à fait, je fairois mieux, puisque j'obeirois au
Patron ; (3) mais cela ne plait pas au Pere, puisqu'il ne se
rend capable que de ce qui favorise ses interets.

Il se plaint en troisiesme lieu que j'ay escript sa vie et
que je ne la veux pas donner au Pere Hyacinte ; je n'ay

---

(1) Maladroitement, grossièrement. On ne trouve pas cet adverbe dans le *Dictionnaire de Littré*, mais on y trouve le substantif
goffe, avec cette note : terme familier et vieilli, et cette significa-
tion : mal fait, grossier.

(2) Il résulterait de ceci que Campanella était un grand enfant.
Que de détails curieux Naudé nous donne sur ce personnage si
étrange et qu'il connaissait, selon son expression, autant que lui-
même !

(3) On sait que le *Panégyrique* fut enfin imprimé à Paris, chez
Cramoisy, en 1644, in-fol.

jamais veu le dit P. Hyacinte qu'à Venise avec Mr Gaffarel
pendant le trajet que nous fismes ensemble des Capucins à
Rialto où je le quittay ; et je prens M. Gaffarel à tesmoin
si jamais le dit Pere me la demanda, ou m'en parla en
aucune façon. Il est bien vray que le Pere, depuis son
depart, me l'a fait demander par Favilla, auquel j'ay dit
que ce seroit folie de l'envoyer estant escripte comme elle
estoit de ma main, et *alla peggio*, d'autant que ame vi-
vante ne la pouvoit lire, et que le Pere auroit plustost fait
de la dicter de nouveau à quelqu'un, puisqu'il le pouvoit
aussi bien faire, comme il l'avoit fait à Rome ; et qu'en
tout cas il n'y avoit autre remede sinon qu'il la vint escripre
à ma chambre, ou qu'il envoyast quelqu'un à qui je la
peusse dicter. Ce sont les termes sur lesquels nous en
estions lorsque je suis venu à Rieti.

La quatriesme instance est touchant le livre *de Libris
propriis* que je n'ay point fait imprimer ; mais encore bien
que je luy peusse demander s'il est raisonable de prendre
le monde à la gorge, je vous veux montrer comme il a
totalement tort, et que c'est luy mesme qui m'a empesché :
car ayant obtenu par importunité de Son Eminence la
permission de se faire imprimer, je le portay avec moy en
Romagne à dessein de ne pas passer par l'Inquisition de
Rome qui ne m'en auroit jamais donné la licence ; et allant
à Venise je l'y portay pareillement, et m'estant mis à le
revoir pour la premiere fois, je trouvay que c'estoit *stabu-
lum Augiæ* tant pour la diction que pour l'extravagance
des jugements. C'est pourquoy je le rescrivis tout entier
et l'accomodai en forme aucunement plus passable ; puis
je l'envoyay à M. Gaffarel qui avec toutes les peines du
monde le fit passer à l'Inquisition aux Reformateurs Secre-
taires, et partout où il estoit de besoin ; ce qu'estant fait
je fis marché avec le Crivellari, Libraire de Padoüe, pour
imprimer la Republique de S. Marin (1) et ledict Livre,

(1) *Dell' origine e governo della Republica di S. Marino breve*

et en effet celuy de S. Marin estant à la dernière feuille,
et que je faisois le compte du papier necessaire pour le
dernier, le Sr Gaffarel m'envoya une lettre du Pere adressée à luy dans laquelle il y avoit ces propres mots : *agè cum
Naudæo, et si me salvum velit, nihil operum meorum
edi curet,* et la cause estoit parce que le Pere Maistre,
ou autrement le Maistre du Sacré Palais avoit fait defense
expresse qu'aucun Auteur demeurant à Rome ne peust
faire imprimer ses livres ailleurs ; de sorte que je fus
arresté tout court, et depuis ce temps les affaires du Père
en Italie se sont tellement empirées qu'il n'y a point eu
apparence de songer de nouveau à chercher quelque autre
occasion ; et affin, Monsieur, que vous soyés asseuré que la
chose s'est passée comme je vous ay dit, je vous envoye le
dernier feuillet de l'opuscule mentionné où sont les attes-
tations de la Republique, et pour ce qui est de la lettre je
me remets à M. Gaffarel de vous la representer à la
moindre instance qu'il vous plaira de luy en faire. Il
ajoute que j'ay eu intention de me servir de son livre *de
Libris propriis,* comme j'ay fait de son Discours du Vésuve, en quoy j'admire la simplicité de ce bon homme,
et comme il parle à l'estourdie, puisqu'il n'a jamais veu
ni leu mon petit Discours, pour sçavoir si je l'ay pris du
sien. Que si tant est qu'il me soit venu entre les mains,
je ne manqueray de vous [l']envoyer si tost que je seray à
Rome, affin que vous puissiez juger à veüe d'œil combien
grande est cette calomnie. Mais enfin mon discours estoit
en chemin de Paris le 3 Janvier comme il se voit en la
datte à la fin d'iceluy, et Mr de la Motte faira foy de la
reception, et je ne croy pas que son Discours fust pro-
noncé en l'Academie de la Capranica, que plus de quinze
jours après, ni que la copie en soit venüe entre mes mains

relatione di Matteo Valli Secretario... (avec préface latine de G.
Naudé. Padoue, chez Jules Crivellari, 1633, in-4°). L'ouvrage est
dédié par Naudé à La Mothe-Le-Vayer (*ad nobilissimum doctissimumque virum D. Mottæum Vayerium Nob. Paris.*).

sinon plus de trois mois estant passés, à cause que D. Jean Colonna la tenoit vers luy, et ne la rendoit point audit Pere : et puis, Monsieur, je ne veux jamais estre reputé homme de bien si j'entendis son discours en l'Academie, ni si jamais j'en ay leu la copie, d'autant qu'elle estoit si goffe, mal bastie et tissüe, que la seule veüe et escripture en degoustoit le lecteur; mais c'est une vanité que le Pere s'est donnée cent fois en ma presence d'accuser les uns et les autres d'avoir derrobbé leurs œuvres de ses escripts ; et qu'ainsi ne soit donnés luy champ de parler de Schioppius, vous verrés ce qu'il vous en dira. C'est la monnoye de laquelle il le paye aussi bien que moy, après en avoir receu touts les plaisirs du monde ; baste qu'un homme l'aye connu pour luy faire tenir publiquement que tout ce qu'il a dit depuis, ou escript, il l'a pris de ses Livres, ou de sa conversation. Pour moy j'ay bien admiré les siens et les admire, mais neantmoins ce sont quasi les seuls desquels je ne me suis jamais servi. Il adjouste que nonobstant tout cela *amorevolmente*, il debvoit encore dire *brevemente*, comme vous verrés par la presente qui est la seconde depuis sa phantaisie de ravoir le Livre *de Titulis*, qui luy a duré plus de deux ans. Dans l'autre qu'il m'escripvist après son arrivée à Paris en response de quatre ou cinq des miennes, et auparavant qu'il eust receu son *de Titulis*, il me parloit en partie doucement à cause de l'offre que luy avoit fait mes freres par mon ordre, et en partie des grosses dents à cause des omissions qu'il pretexte encore maintenant.

Mais, Monsieur, admirés le tour de ce bon Pere et comme il se plait à donner à entendre ce qui fait pour luy, en ce qu'il vous asseure dans sa grande lettre de m'avoir fait obtenir de Mʳ de Brassac (1) la place de Medecin que

---

(1) Jean Galard de Béarn, comte de Brassac, né en 1579 en Saintonge, fut ambassadeur de Louis XIII à Rome auprès d'Urbain VIII et mourut à Paris en mars 1645.

j'ay maintenant, et au nom de Dieu pour vous en esclaircir, demandés à Son Eminence comme cette affaire s'est passée, et si vous trouvés qu'elle se soit passée autrement que
je m'en vais vous dire, tenés moy pour le plus meschant et
infame du monde. M. Thrullier, medecin françois, estant
mort, M. le Cardinal escripvist soudain en ma faveur à
M. le Cardinal de la Valette, de Leon et Bouthillier le pere,
et ayant receu response du premier seul, d'autant que les
deux autres estoient en diverses commissions, il me l'envoya,
et je la garday encore; en mesme temps je fais agir mes
freres envers Mr de Guenegaut, Tresorier de l'Espargne
et mon parrein (1), qui leur donna advis qu'il falloit avoir
une lettre de Son Eminence a Mr Bouthillier le fils qui
avoit le cahier des parties estrangeres. Je l'obtins et la fis
presenter audit sieur Bouthillier le fils par Mr Moreau,
son Medecin, en presence de Mr Bonnaire, qui rendist
tesmoignage suffisant de ma personne, et soudain il me
nomma en ladicte charge, et en donna asseurance à Son
Eminence par lettre responsive, que je garde pareillement;
et quinze jours après il envoya le brevet. De sçavoir maintenant [en quoi] Mr de Brassac peut avoir part en cette affaire, il faudroit une autre cervelle que la mienne pour
expliquer cette enigme, car je n'en parlois absolument
jamais audict Sr de Brassac, et sçay de science certaine
qu'il n'a pas seulement pensé d'y rien contribuer : mais il
faut que la simplicité ou presomption du Père soit si
grande, que pour avoir peut-estre parlé une fois de cette
affaire à Mr de Brassac, il s'imagine que ledict Seigneur
l'ait entreprise et terminée à sa considération ; et en cette
action seule vous pouvés, Monsieur, connoistre le naturel
de ce personnage, lequel est cause que j'ay abusé de vostre
patience en me voulant purger de tant de blasme qu'il me
donne envers vous, pour recompense de tant et tant d'affection que je luy ay tesmoignée par touts les moyens

(1) Gabriel de Guenegaud mourut à Paris le 6 février 1638.

possibles. C'est ainsi que font ceux qui n'ont pas la bonté naturelle et essentielle, et au deffaut de laquelle ni la crainte de Dieu, ni la honte du monde, ni toutes les sciences imaginables ne servent pas d'un cheveu pour contenir l'homme en son debvoir. Pour moy qui ne la possede pas j'en suis neantmoins amoureux, et en sa consideration je vous proteste que toutes les extravagances dudict Pere en mon endroict n'ont en rien alteré l'affection que je luy porte, d'autant qu'elle est posterieure à l'inclination que j'avois reconnu estre en luy d'en faire tous les jours de semblables à ses autres amis et familiers, et que par consé-quent je m'attendois bien quelque jour d'avoir mon roole, si que cela ne m'estant pas nouveau, aussi ne doit-il rien alterer dans nostre mutuelle affection, pourveu toutefois qu'il vous plaise agir de telle sorte avec luy en prenant telles de mes responses que vous trouverés à propos, qu'il reconnoisse une partie au moins de sa trop grande lege-reté sans la porter plus avant a mon desadvantage, car en effet si je sçavois qu'il usast des mesmes discours envers d'autres, je me sentirois aussi obligé de me deffendre et justifier envers eux.

J'ay oublié à vous dire que la response que je fis à Fa-villa *di non voler dar le mie fatiche ad altri*, n'estoit pas à propos de la Vie, comme dit le Pere, et à laquelle je ne pretens rien du tout, mais du Panegyrique qu'il me per-suadoit de publier soubs un nom emprunté, puisque je ne pouvois le faire soubs le mien.

Je suis fasché que la presente aye esté si longue, mais vous scavés, Monsieur, que les taches sur les habits se font en un instant, et avec une goutte d'huile, lesquelles par après on a bien de la peine à faire esvanouir, et à plus forte raison celles de la reputation. Et je vous supplie, au reste, vouloir proteger la mienne, comme vous avés fait celle de Mr Gassendi, puisque elle est encore plus mali-cieusement flestrie par celuy qui rend ainsi le mal pour le bien. J'aurois encore mille choses à vous adjouster, pour

vous bien donner à connoistre la nature de ce bou Pere
qui pesche plus à mon advis par simplicité que par malice :
mais il faut finir avec une si longue et fascheuse histoire,
laquelle à grand peine pourrés vous lire, puisque moy
mesme je n'ay pas le courage, ni la patience de la relire.
Excusés en doncques les fautes, s'il vous plaist, et la mauvaise escripture, et croyés asseurement que je suis, Monsieur, vostre, etc.

G. Naudé.

A Rieti ce 28 septembre 1636 [pour 1635 ?] (1).

APPENDICE.

LETTRE DE NAUDÉ ET DE GAFFAREL A GASSENDI.

Domine mi pare che V. S. si sia menticato di tutt'i
suoi amici fra queste montagne di Provenza, o perchè non
siete venuto in Italia con il buon Vescovo ? Bisogna bene
che ci sia stato qualche grande impedimento (2), sed noli

(1) Bibliothèque Méjanes, collection Peiresc, t. VIII, f° 19.
Copie. — A la fin de cette dernière lettre de Naudé à Peiresc, rappelons que l'on imprima, en 1637, à la suite de la harangue fu-
nèbre prononcée par J.-J. Bouchard, un remarquable éloge
du conseiller au parlement d'Aix par son ancien correspondant :
*Epistola Gabrielis Naudæi ad Petrum Gassendum de obitu Nicolai
Fabricii Peresci.* Ce morceau oratoire reparut en 1638 dans le recueil intitulé : *Monumentum romanum Nicolao Claudio Fabricio
Perescio... factum* (Rome, au Vatican, in-4°) et a été réimprimé à
la suite de la vie de Peiresc par Gassendi (Paris, Cramoisy, 1641,
in-4°); on l'a reproduit dans diverses éditions de ce beau livre,
notamment dans l'édition in-12 de La Haye, 1651.

(2) « Mon Seigneur, il paraît que Votre Seigneurie a oublié tous
ses amis parmi ces montagnes de Provence. Ah ! pourquoi n'êtes
vous pas venu en Italie avec ce bon évêque ? Il faut bien qu'il y
ait eu quelque grand empêchement. » Le bon évêque ici mentionné
est Raphaël de Bollogne, qui occupa le siège de Digne, de 1628 à
1656. Voir, sur le *bon évêque* et sur son voyage en Italie (année
1632), le recueil déjà plusieurs fois mentionné des *Lettres inédites
de Gaffarel*, p. 8.

arcana Dei, et je m'en rapporte à ce qui en est. Vous
aurez, comme je croy, sceu par les siennes comme nous
nous sommes veuz à Venise et à Padoue où il m'a chargé
plus de trente fois de vous chercher quelque livre nouveau, sed ad impossibile nemo tenetur, n'y en ayant aulcun
en ce païs qui soit de vostre profession, au moins pour les
nouveaux. Si j'y eusse peu trouver les dialogues de Galilei
je vous en aurois faict achepter un, quoy que vous l'ayez
desja, mais l'engeance en est faillie en ce pays, à cause de
la malediction prononcée sur icelluy par la Cour de Rome
où le Galilée a esté citté par les menées du Pere Scheiner (1) et des aultres des Jesuites qui le veulent perdre et
le feroient asseurement s'il n'estoit puissamment protégé
du duc de Florence, qui l'a recommandé à son Ambassadeur chez lequel il est logé il y a plus de cinquante jours,
d'où il escript toutesfois que personne ne luy a encore rien
dict. Au reste je crois vous avoir desja escript plusieurs
foys que le sieur Leo Allatius avoit une sympathie estrange
pour affectionner vostre personne, de laquelle luy ayant
donné trez ample information il vouloit faire un long
poeme grec et le fera asseurément pour vostre Epicure.
Mais cependant l'occasion estant survenue d'un livre qu'il
faict imprimer contenant la liste de tous les autheurs qui
ont esté à Rome despuis trois ans (2), il vous y a inséré en

(1) Voir, sur le Père Christophe Scheiner, une note sous une
lettre de Gaffarel à Raphael de Bollogne, évêque de Digne (n° 14
du recueil qui vient d'être cité). J'y ajoute que M. le professeur
Favaro m'a fait l'honneur de m'écrire, après avoir lu les *Lettres
inédites de Gaffarel*, ces lignes qui sous sa plume ont une si grande
autorité : « L'accusation contre Scheiner est absolument injuste.
Naturellement Gaffarel ne faisait que répéter ce que l'on disait
autour de lui, mais si le Père Scheiner a eu plusieurs torts envers
Galilée, il n'a pas eu certainement celui de le dénoncer à l'Inquisition, et en tout cas il n'a été que la cause indirecte de l'acharne-
ment de ses coreligionaires contre le grand philosophe. »
(2) *Apes Urbanæ sive de Viris illustribus qui ab anno 1630 per
totum 1632 Romæ adfuerunt, ac typis aliquid evulgarunt* (Rome,
1633, in-8).

termes très advantageux en parlant du père Scheiner et prenant son subject que le pere Scheiner estant à Rome et le Galilei y ayant esté banni auparavant, il ne restoit plus que de vous y voir quelque jour et en suitte de vous paranimpher (1) en termes exquis et specifie tous voz livres imprimez et à imprimer, n'oubliant l'Epicure. Hoc autem est certissimum quia vidi et legi folia excusa et però V. S. ne le deve ringratiar con una sua lettera, e mantener se in amicitia buona con quello Gualanthuomo (2). Je vous dirois encore quelque chose, mais Monsr. Gaffarel m'a demandé le reste de cette page (3), c'est pourquoy je me recommande et suis à jamais vostre serviteur.

NAUDÉ.

Datum Paduæ sub annulo lagenæ die et anno ut supra et par mondict Seigneur.

GAFFAREL.

A Monsr Monsr Gassendi theologal de Digne à Digne.

---

(1) Voir sur le mot *paranympher*, synonyme de louer solennellement, une note d'un des plus aimables savants de notre temps, feu Paulin Paris, dans son inappréciable édition des *Historiettes* (t. IV, Paris, Techener, 1855, p. 114). La note de mon maître et ami à jamais regretté s'applique à cette phrase de Tallemant des Réaux (p. 95) sur Balzac : «Les louanges luy estoient bonnes de quelque part qu'elles vinssent, et jamais il n'estoit assez paranymphé à sa fantaisie ».

(2) « Par conséquent Votre Seigneurie doit l'en remercier par une lettre, et se maintenir en bonne amitié avec ce galant homme. »

(3) Gaffarel n'utilisa guère la place que Naudé laissait libre pour lui, car il n'y mit qu'une petite plaisanterie, une parodie — (*sous l'anneau de la bouteille*) — de la formule finale des documents émanés de la chancellerie romaine.

(4) Bibliothèque d'Inguimbert, collection Peiresc, registre XLI, volume second, fol. 73. Copie. Le document n'est pas daté, mais il est de l'année 1632.

.